PATENT

企业专利信息化管理

李 程 杨长青 李 峰◎主编

知识产权出版社
全国百佳图书出版单位
—北京—

图书在版编目（CIP）数据

企业专利信息化管理 / 李程，杨长青，李峰主编．—北京：知识产权出版社，2021.7
ISBN 978-7-5130-7568-8

Ⅰ.①企…　Ⅱ.①李…　②杨…　③李…　Ⅲ.①企业管理－专利－企业信息化－研究
Ⅳ.①G306.3②F273.1

中国版本图书馆 CIP 数据核字（2021）第 119718 号

内容提要

本书从企业专利信息化管理存在的普遍问题入手，以实际项目建设经验为基础，从实用角度出发，重点阐述了专利和信息化基础知识及采用信息化管理中的重点模块知识，如用户管理、流程审批管理、申请管理、专利权管理、消息提醒等。同时，本书展望了企业专利信息化管理的未来发展趋势。本书可以作为企业专利管理人员和相关专业教师、学生的参考用书。

责任编辑：许波　　　　**责任印制**：孙婷婷

企业专利信息化管理

QIYE ZHUANLI XINXIHUA GUANLI

李　程　杨长青　李　峰　主编

出版发行：知识产权出版社有限责任公司
网　　址：http: //www.ipph.cn
　　　　　　http: //www.laichushu.com
电　　话：010-82004826
社　　址：北京市海淀区气象路 50 号院
邮　　编：100081
责编电话：010-82000860 转 8380
责编邮箱：xubo@cnipr.com
发行电话：010-82000860 转 8101
发行传真：010-82000893
印　　刷：北京中献拓方科技发展有限公司
经　　销：各大网上书店、新华书店及相关专业书店
开　　本：720mm×1000mm　1/16
印　　张：13.25
版　　次：2021 年 7 月第 1 版
印　　次：2021 年 7 月第 1 次印刷
字　　数：202 千字
定　　价：68.00 元

ISBN 978-7-5130-7568-8

序

ORDER

习近平总书记在中央政治局第二十五次集体学习时发表重要讲话中指出，“要加强知识产权信息化、智能化基础设施建设”。新形势下，企业创新主体地位进一步巩固，2020 年，国内发明专利公开中企业申请人比例达到 71%，到 2020 年年底，国内拥有有效发明专利的企业近 25 万家。企业作为专利创造的源头基数之大、增长之快，前所未有。加强企业知识产权信息化，特别是企业专利管理信息化工作，可理顺企业专利管理工作流程、提高管理效率、提升管理质量，保障我国专利事业在创造环节的源头质量，为后续保护环节、运用环节等提供良好的基础。

企业专利信息化管理是在信息技术、信息资源、信息设备的支撑下对企业传统专利管理的深刻变革，将改变以往企业在专利管理工作中信息的获取方式、传递方式和管理方式，进一步提升信息处理效率、信息集成度等，最终升级企业专利管理的工作模式。具体而言，将管理中的制度、人员、资源等要素信息固化到信息化流程和相应的系统管理模块中，进而加强了精细化管理过程，为管理质量的提升提供重要保障。在应用信息化系统管理过程中，通过优化内部制度、升级系统功能，助力企业贯彻执行《企业知识产权管理规范》（GBT 29490-2013）国家标准，达到持续改进和不断提高的目标。

采用信息化方式开展企业专利管理工作，首先需要了解专利概貌、信息化基本内容等基础知识，本书前三章很好地介绍了这部分内容，为读者继续了解各专项模块知识做好铺垫。在实际管理过程中，希望对流程设计、申请管理、专利权管理等内容进一步学习的读者，需要继续阅读本书后续章节内容，书中结合案例和笔者实际项目经验，对相关知识点逐一作了介绍和阐述。

今天，我们站在“两个一百年”奋斗目标的历史交汇点，正在开启全面建设社会主义现代化国家新征程，知识产权工作正关乎着国家治理体系和治理能力现代化、高质量发展、人民生活幸福、国家对外开放大局、国家安全等重要方面，也正积极为新发展格局的构建添砖加瓦。我们相信，企业专利管理工作，通过信息化手段升级再造，一定能提高企业专利创造、运用、保护、管理和服务等各个环节的效率和质量。

知识产权出版社有限责任公司党委副书记、副总经理

李　程

2021 年 6 月于北京

前言

PREFACE

2008 年夏天，第 29 届北京奥运会开幕之前，《国家知识产权战略纲要》发布了，这对于中国知识产权事业来说是一件破天荒的事情，因为知识产权被提升到国家战略层面。同时，《国家知识产权战略纲要》对知识产权的创造、保护、运用等各方面也提出了明确的目标和推进思路，其中“推动企业成为知识产权创造和运用的主体”更是将企业的知识产权发展放到了一个突出的目标和位置。

经过几年的努力，从 2015 年开始，企业对专利创造的贡献比例有了很大突破，陆续成为各地专利创造和运用的主体。例如 2016 年，江苏全省企业专利的申请量、授权量分别超过 33 万件和 15 万件，占全省总量的比重分别达到 66% 和 68%；当年申请过专利的企业将近 3 万家，其中申请量超 100 件的接近 500 家，比 2015 年增加 96 家。[1]目前，企业在专利创造方面的主体地位不断提高。2020 年上半年，国内有过专利申请的企业超过 22 万家，同比增加 3 万多家。国内企业共提交发明专利申请超过 40 万件，同比增长 12%。国内发明专利申请中，企业作为申请人的比重为 66.6%，达到 2/3，同比提升 3.2 个百分点。[2]随着一个个数据不断刷新纪录，企业在专利创造和运用方面的主体地位也越来越稳固。

---

[1] 朱殿平 . 江苏企业成创新主体 去年专利“贡献度”超 6 成 [EB/OL].（2017-01-19）. http://js.people.com.cn/n2/2017/0119/c360301-29620339.html.

[2] 国家知识产权局 . 国家知识产权局举行 2020 年第三季度例行新闻发布会 . [EB/OL].（2020-07-09）. http://www.scio.gov.cn/xwfbh/gbwxwfbh/xwfbh/zscqj/Document/1683556/1683556.htm.

专利在企业中的高速发展给企业中的专利管理工作带来了很大挑战，为了提高企业知识产权管理水平，国家知识产权局起草制定了《企业知识产权管理规范》，即 GB/T 29490—2013 推荐性国家标准（以下简称“国标”）。

国标中以“PDCA 循环”为管理模型，在机构设置、文档编制、实施和运行等方面都作出了明确要求。将国标中的管理要求融入企业信息化管理平台，通过信息化系统的方式进行管理，可以达到事半功倍的效果。关于企业专利信息化管理方面的要求，在国标 6.2 条 a）款中明确提出：软硬件设备，如知识产权管理软件、数据库、计算机和网络设施等。采用信息化系统的方式进行管理是现代企业必备的管理手段，企业的信息化水平也在一定程度上反映着企业的管理水平。可以预见，企业专利管理信息化系统也会像一般企业中的 OA 系统、ERP 系统、财务管理系统一样，在创新型企业中逐步普及，并且会朝着智能化、集成化、移动化方向发展。

笔者通过 2015—2020 年企业专利管理信息化项目建设发现，大多数企业专利信息化管理系统还没有建立，包括一些大型企业，专利甚至超过几百件，仍然在用 Excel 作为主要的管理工具，这对于规范管理、提高管理水平是不利的。

首先，采用信息化方式管理企业中的专利是落实国标中具体要求的需要。标准中的要求如立项前的审批、文档的分级管理等只有固化到信息化的系统中，才能得到更好的执行。如果采用纸件流程审批、纸件文档的分级管理，那么对工作质量和工作效率来说都会降低，无法真正实现规范化、高质量的管理过程，也就不能很好地贯彻这套国标。

其次，企业专利管理中会涉及产品、项目、财务等许多周边的数据，对这些数据的集成管理需要信息化系统支撑。专利管理作为企业管理中的一环，与其他方面的管理是分不开的，这就需要一套信息化系统能够实现与专利管理相关的这些业务的信息处理、数据归集、数据调用。例如，专利数据与产品管理系统中的产品数据关联管理、专利数据与项目管理系统中的项目数据关联管理、专利数据与 OA 或人事管理系统中的用户数据进行关联管理等，这些都需要信息化系统才能更好的实现。

最后，在互联网时代，企业的信息采集、传递、接收等都有很高的时效性要求，这些信息的时效性需要通过信息化系统来保证。在专利管理中，对缴纳年费的监控、通知书答复是否超期、竞争对手专利信息的实时获取、行业信息的及时采集等都具有很高的时效性要求，完全依靠人工或非信息化方法完成实际管理工作会带来很大的不便。

当然，企业使用了信息化手段，建设了一套软件管理系统，还是不足以保证专利管理工作的高水平运作，还需要实际执行管理的专利管理工程师（IPR）具备一定的专利业务和信息化系统业务双方面的知识和管理技能，这样在信息化系统的帮助下，专利管理工作才能如虎添翼，将企业专利管理工作做得更好。但目前在很多企业中，从事专利管理的 IPR 来自多个不同的岗位，有些人之前做技术研发，有些人做法务工作，有些人来自代理所或专利审查机构，还有些人之前做行政管理，IPR 这个群体的业务水平参差不齐，有些水平很高，也有些对专利的基本概念还存在认识上的不全面，在信息化管理的思路上还需要开拓。

本书针对这一问题，总结企业建设专利信息化系统方面的解决方案和成功经验，从专利的基础知识和信息化管理要求入手，将信息化管理中的一些共性问题、关键问题及解决思路解析出来，如各类审批流程设计要点、案件管理、已授权的专利权信息管理等，为 IPR 梳理出一套企业专利信息化管理的系统性方法，并希望通过这些成功的实际管理经验，可以为拓宽企业 IPR 的信息化管理思路提供有益的助力。

本书第 1 章、第 2 章是对专利和企业专利管理的介绍。第 1 章是对专利概貌的介绍，包括专利制度的基本原则、专利权的一些特性、专利制度在世界上的传播，以及专利创造、保护、运用、管理、服务五大环节中的主要参与者等，为读者描绘了专利的轮廓，为更深入的学习专利知识提供入门知识。第 2 章主要介绍开展信息化管理存在的基础问题。首先是企业进行专利管理的依据和准绳，介绍了国标的内容、企业专利管理办法的相关内容，其次介绍了采用信息化手段进行管理专利的相关要求，最后提出了基于实际项目建设经验总结得出的管理框架及开展信息化管理需要做的基础性工作及基础工作中存在的问题和对策。通过阅读前两章，读者可以对专利有更加深刻的认识，对采用信息化手段管理专利起到提纲挈领的作用。

第 3 章至第 9 章是企业专利信息化管理中 7 个比较关键的模块。第 3 章对信息化管理中的用户管理、产品和项目管理及通用管理功能进行了介绍。第 4 章对各类审批流程设计中容易出现的问题进行分析与思考，并分析了创意审批流程、撰写及答复意见审批流程、著录项目变更流程三个流程实例。第 5 章是对申请过程中案件管理的分析，包括立案管理、通知书管理、案件状态管理、费用管理、授权管理、文档管理等。第 6 章是对已取得的专利权进行专利管理的思考，包括专利权的维持、专利权如何运用等。第 7 章是针对管理过程中各类消息提醒的信息化管理方法。第 8 章是对专利管理中需要用到的知识服务进行了总结，介绍了知识服务的概念及专利管理中常用的知识服务。第 9 章重点阐述了专利管理的数据分析准备和结果展现方式。

第 10 章是对专利管理中管理质量控制及安全问题的分析和总结。质量管理方面重点介绍了创意评价、专利代理师的评价、专利质量评价、宏观质量监控等内容，安全管理方面介绍了访问控制、日志管理、数据备份和接口安全等内容。

本书编者中李程负责总体策划和全书统稿工作，并执笔编写前言、第 2 章共计 3 万字；杨长青执笔编写第 1 章、第 3 章、第 4 章、第 5 章、第 6 章共计 12.2 万字；李峰执笔编写第 7 章、第 8 章、第 9 章、第 10 章、第 11 章，共计 5 万字。

本书适用于企业专利管理人员、知识产权管理人员、专利工程师、高校或科研院所的专利管理人员，以及对企业专利管理感兴趣的人员和相关专业大学生阅读。

此外，鉴于笔者水平有限和时间紧迫，所述内容均源于自身工作经验，存在一定局限性，书中内容难免有疏漏之处，恳请广大专家和读者批评指正，不吝赐教。

CONTENTS

目 录

第1章 专利概述

专利是什么？我记得这个问题是在我刚进入知识产权出版社工作时，一位领导曾经问过的一个问题，那时我对专利一知半解，也没有仔细思考过这个问题。从事知识产权信息化工作一段时间后，对专利工作接触也越来越多，我才开始认真思考这个问题。

对专利知识的学习是在企业中从事专利管理的工程师必备的基础知识，尤其是对于从其他岗位转至专利管理岗位的工作者，本章的内容更具有针对性。下面将带领您从专利制度、专利权和专利“生态圈”三个方面来一窥专利的全貌。

1.1　了解专利制度

认识专利，我们先从“专利”的字面意义上来看一下。从字面上讲，专利就是“专有的权利”。既然专利是一项专有的权利，那么随之而来就会引出以下疑问：谁能拥有“专有的权利”？“专有的权利”到底有哪些权利？获得这些“权利”需要哪些条件？这里面涉及了“人”“利益”“管理”等要素，由此可见，专利涉及的是一项社会管理的问题。专利是一项社会制度，也就是一项社会管理措施。

关于专利，美国前总统林肯有句名言：“专利权制度是给天才之火浇上利益之油。”这句名言道出了专利这一社会制度的根本所在。这里的“天才之火”指的是技术上的创新。社会的进步、生活水平的提高，主要依靠的是科技的不断创新和发展。科学技术是第一生产力。就我们身边来说，从以前半块砖头大小且功能单一的“大哥大”手持电话到现在小巧且功能丰富的智能手机；从骡马拉车到现在的小汽车、高铁、飞机；从亩产几百斤的水稻到亩产一千多公斤的超级稻等证明，科技给我们生活的衣食住行各方面都带来了太多的便利。科技进步的重要体现是一项项新技术的发明与运用，发明新技术的人，我们姑且称之为“天才”，天才的创新是实现从“0”到“1”的过程，也就是从“无”到“有”的过程，是灵感与努力的结晶，是一种巨大的创造性劳动。“天才之火”怎么才能越烧越旺，让技术不间断地持续发展、拾级而上，最终达到整个社会的快速进步？这就需要“浇上利益之油”，“利益”是指“天才”应享有的权益，保障了“天才”的“利益”，“天才”才能有更好的积极性，“火”才能越来越旺。这句话从本质上指出了专利制度的作用，就是保护创新者的权益，让技术创新越来越强，让整个社会越来越进步，形成一套良性循环。

认识到专利这个词含有专利制度的含义，是理解专利这一事物的首要所在，专利制度的基本规则是：研发了新技术之后，技术创新者把自己的技术方案公之于众，告诉大家我有这个技术可以解决什么问题，是如何实现的，达到了什么效果等。然后，按照法律规定，对这项技术进行审查，通过审查后法律授予技术创新者一定期限的专用权，其他人不经过创新者允许不能使用这项技术。

例如，某个公司发明了LED显示器，与之前的CRT显示器相比具有薄巧、显示效果好、价格低等很多优点。如果该发明不申请专利，拿到市场去卖，可想而知，销量一定很好，但同时肯定会有很多仿造品出现，如果没有专利制度，就没有办法制止仿造的行为并且追究仿造者的责任。如果申请并授权了一项发明专利，则生产显示器的技术方案会被作为专利文献公之于众，换来的就是对此技术自申请专利之日起20年的专用权，如果有人不经许可使用该技术，专利权持有人可以通过法律手段维权。这就是通常所说的“公开换保护”原则，也是整个专利制度的理论基石，该原则保证了专利制度可以实现发明人、国家、社会公众三方共赢的一种模式，即发明人得到垄断的技术专用权利，国家得到社会快速进步的生产力，社会公众得到技术再创新的基础。

专利制度是对技术创新成果提供保护的方式之一（技术创新成果还可以通过其他方式进行保护，如技术秘密方式，技术秘密的方式简单说就是一件创新成果出来后从不“示人”，依靠持有人的保密措施进行保密，如可口可乐配方技术、云南白药配方技术等），是商品经济发展到一定阶段的产物。技术创新是人类的一种本能，是社会生产力发展和不断进步的核心推动力。有了技术的不断创新，人类才从刀耕火种的时代走到了今天的互联网时代。就我国而言，从远古神话中的精卫填海、后羿射日，到古代时期的仓颉造字、蒙恬制笔，以及四大发明，都是技术创新的突出体现。但是，专利制度并不是与技术创新相伴而生的，是随着商品经济的出现和发展产生的。

1.1.1 专利制度的起源

专利这套制度起源于哪里？我们来了解一下，专利制度起源于国外，对于我们来说，“专利”是个舶来品。但“专利”这个词语在我国古籍中很早就出现了，如《左传 · 僖公 · 僖公七年》提到：

“文王将死，与之璧，使行，曰：‘唯我知女（汝），女（汝）专利不厌，予取予求，不女（汝）疵瑕也。后之人将秋多于女（汝），女（汝）必不免。我死，女（汝）必速行，无适小国，将不女（汝）容焉。’”❶

这个故事讲的是春秋时期的楚文王在弥留之际，召来手下宠臣申侯，给他一些美玉和钱财，让他尽快离开楚国，对申侯说：“普天之下只有我最了解你，你比较贪财好物而且从来不知道满足。但是我每次都会满足你的欲望，而且从来不会怪你。可是，以后继承我的人不会像我一样对你了，可能会对你追索大量财物，到那个时候你一定不免于罪。等我死后，你必须赶快走掉，走得越远越好，而且不要到小国去，小国肯定不敢收留你。”

这里出现的“专利”是“贪财好物”的意思，与现在“专利”一词的意

❶ 王叙敏. 谈古论今话“专利”[J]. 发明与革新，1996(10):30-31.

思大相径庭。与此类似，此“专利”非彼“专利”含义的词语在春秋时期左丘明所著的《国语》中也出现过，《芮良夫论荣夷公专利》这篇文章中涉及这样一个故事：

荣夷公这个人是西周时期诸侯国荣国的第六任国君，非常受周厉王的宠信，周厉王对荣夷公言听计从，荣夷公建议周厉王对山林川泽等物产实行“专利”措施，就是说这些资源直接由周厉王控制，不准平民百姓进入山林川泽去谋生。周厉王听从了这个建议，置大臣的规劝和平民的反对于不顾，其中进谏的大臣中就有芮良夫，芮良夫苦劝周厉王无果，最终还是推行了“专利”政策，从而导致普通老百姓被断了生路，朝野上下人人不满，危机四伏，民怨载道，最终周厉王也落了个被放逐彘地的下场。这里面的“专利”虽然也是一种政策，但是指的是利用王权垄断、独占财利，与近现代专利制度的意义完全不同。

那么真正的专利制度起源于哪里呢？近代专利制度起源于欧洲。[1]据记载，早在公元前10世纪，雅典王国的国王曾经授予过一个厨师关于烹调方法的独占特权，这是被认为可追溯的最早的具有专利制度雏形的历史事件。再从英文单词“Patent”的由来了解一下专利制度起源，英文“Patent”一词来源于中世纪的英国，当时国王对技术创新的发明人授予一种垄断权，特许他们能够在一定时期享有独家经营的权利，授权的时候采用一种公开的文件，叫“Letters Patent”，Patent是拉丁语，其本意是公开。之所以是公开的文件，是因为授权文件没有密封，谁都可以看，在授权文件底部有国王的印玺。此时的专利制度就与现代的专利制度比较接近了，但此时也仅限于独立的个案，并没有形成系统的关于专利的法律体系。

追溯至14世纪，在现在意大利的北部有一个威尼斯共和国，由于地理位置十分优越，可以控制黑海和亚速海的经商通道，所以奠定了威尼斯海上霸主的地位，市场发达，经济繁荣。因此，威尼斯共和国成为意大利最富有的城邦国，为后续的技术创新和发明创造提供了肥沃的土壤。1474年3月19日，威尼斯共和国颁布了世界上第一部具有现代意义的专利法，名称为《发明人法规》

[1] 徐海燕. 近代专利制度的起源与建立[J]. 科学文化评论,2010,7(2):40-52.

（*Inventor Bylaws*），这部法律包括立法的目的、取得专利权的条件、独占权及侵权的法律责任、对专利权实施的限制等几部分内容。从 1475 年到 16 世纪，许多重要的工业发明，如提水机、碾米机、排水机、运河开凿机等在威尼斯共和国被授予了 10 年的特许权。

从雅典国王授予厨师烹调方法专用权这一专利制度雏形事件开始，人类用了 2400 多年的时间，缓慢推动了专利制度的发展，至威尼斯专利法的颁布，专利制度进一步完善。《发明人法规》的颁布在专利制度发展过程中具有划时代的意义。从此以后，专利制度的传播与发展进入了快车道。

1.1.2 国外专利制度发展

从 1623 年英国开始制定《垄断法》到 19 世纪末期，主要的资本主义国家相继颁布了本国的专利法。

英国在 1623 年以前，就已经存在由国王颁发垄断权的案例，但对于授予的对象、权利的使用等没有严格的规范。由于缺乏管理，这种垄断权经常被滥用，甚至被用来哄抬物价，严重扰乱了市场秩序。为了保证市场秩序，需要制定一部法律加以约束垄断权的使用，防止垄断权被滥用。1624 年 5 月 29 日，英国通过了《垄断法》（*Statute of Monopolies*），该法案催生了大量的创新技术，促进了英国由商业资本主义向工业资本主义的转变。此后，英国工业在纺织、冶炼、采矿、机械加工、交通运输等领域中取得了各种巨大的创新成就，如瓦特改良的蒸汽机等。瓦特晚年非常富有，收入的主要来源不是蒸汽机销售，而是蒸汽机的专利技术许可收入，他从知识产权中获取了巨大利益。

目前英国知识产权局的官方网址为 https://www.gov.uk/government/organisations/intellectual-property-office，图 1-1 为该网站的首页截图。

继英国之后，美国于 1790 年 4 月 10 日颁布了首部专利法，全称为《促进实用技艺进步法案》（*An Act to Promote the Progress of Useful Arts*）。根据该法案，对发明可授予最长 14 年的专利权，法案还规定了被授权人需要向国务卿提交一份描述专利的说明，相当于现在的专利申请书，并在适当条件下需要提交发明的模型。美国专利商标局网址为https://www.uspto.gov/，首页如图1-2所示。

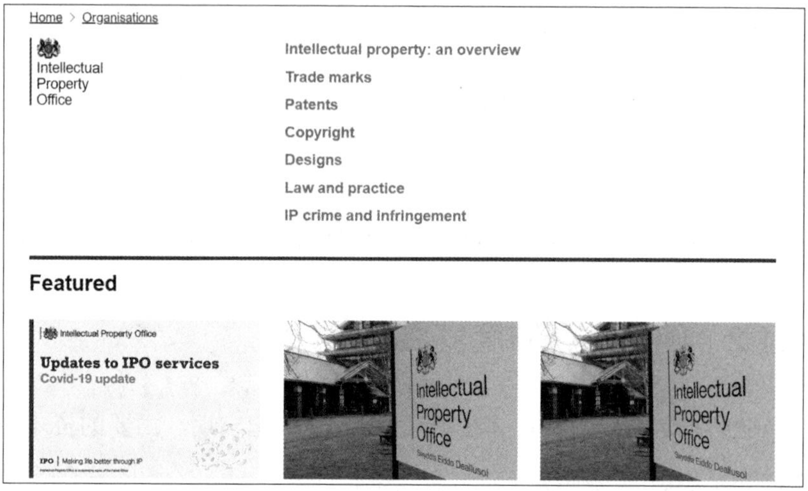

图 1-1　英国知识产权局网站

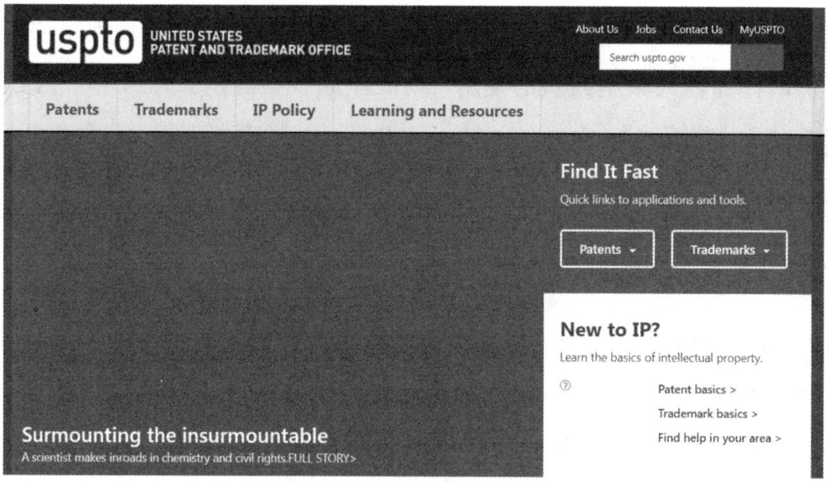

图 1-2　美国专利商标局网站

法国于1804年在著名的《拿破仑法典》（*Napoleonic Code*）中规定了有关工业产权的内容，成为法国实质性的第一部专利法。法国知识产权局网址为https://www.inpi.fr/，首页如图1-3所示。

图 1-3 法国知识产权局网站

此后，在 1800—1900 年，大多数工业化国家都颁布了本国专利法[1]，如：

1809 年，荷兰颁布了专利法（专利管理部门网址：https://www.rvo.nl/）

1810 年，奥地利颁布了专利法（专利管理部门网址：https://www.patentamt.at）

1812 年，俄罗斯颁布了专利法（专利管理部门网址：https://www.rupto.ru/）

1819 年，瑞典颁布了专利法（专利管理部门网址：https://www.prv.se/sv/）

1826 年，西班牙颁布了专利法（专利管理部门网址：http://www.oepm.es/）

1840 年，墨西哥颁布了专利法（专利管理部门网址：http://www.impi.gob.mx/）

1859 年，巴西颁布了专利法（专利管理部门网址：http://www.inpi.gov.br/）

1859 年，印度颁布了专利法（专利管理部门网址：http://www.ipindia.nic.in）

1864 年，阿根廷颁布了专利法（专利管理部门网址：http://www.inpi.gov.ar/）

1864 年，意大利颁布了专利法（专利管理部门网址：http://www.uibm.gov.it）

1869 年，加拿大颁布了专利法（专利管理部门网址：http://cipo.gc.ca/）

1877 年，德国颁布了专利法（专利管理部门网址：https://www.dpma.de，首页如图 1-4 所示）

---

❶ 毛克盾．西方专利制度发展历程简论 [J]. 重庆三峡学院学报，2015，31（160）：69-73.

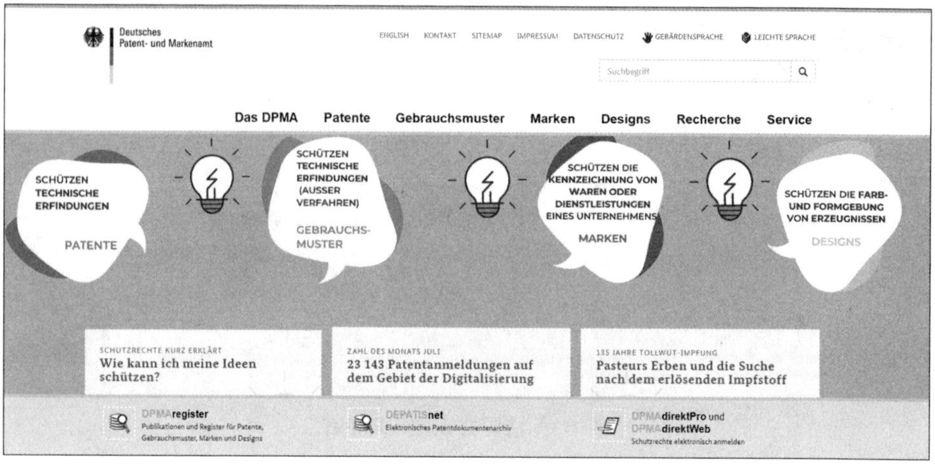

图 1-4 德国专利商标局网站

1879 年，土耳其颁布了专利法（专利管理部门网址：https://www.turkpatent.gov.tr/）

1885 年，日本颁布了专利法（专利管理部门网址：https://www.jpo.go.jp，首页如图 1-5 所示）等。

图 1-5 日本特许厅网站

通过官方网站，我们可以了解更多该国的政策并更好地使用其数据服务。全球所有国家和地区的专利管理部门的官方网址都可以从世界知识产权组织网站中获取（https://www.wipo.int/directory/en/urls.jsp）。

1.1.3 中国专利制度发展

了解了专利制度在国外的发展，我们再来回顾一下我国的专利制度发展历程。中国专利制度建立相对较晚，最早出现的专利制度存在于 1859 年太平天国时期洪仁轩所著《资政新篇》中，[1] 比最早的威尼斯专利法整整晚了近 400 年。

当时中国与西方资本主义国家发展的差距太大，各方面实力对比相差悬殊，因此，洪仁玕在《资政新篇》中提出了一些新的主张，主要是学习西方国家政治、经济、社会制度方面的一些设想，其中就有对科学技术发明给予专利权方面的内容，如：

（1）“倘有能造如外邦火轮车，一日夜能行七八千里者，准自专其利，限满准他人仿做”。

（2）在“兴舟楫之利”方面，以“坚固轻便捷巧为妙，或用火、用气、用力、用风，任乎智者自创。首创至巧者，赏以自专其利，限满准他人仿做，若愿公于世，亦禀明发行”。

（3）在“兴器皿技艺”方面，他对专利做了更详尽的阐述，“有能造精奇利便者，准其自售，他人仿造，罪而罚之。即有法人而生巧者，准前造者收为已有，或招为徒焉。器小者赏五年，大者赏十年，益民多者数加多，无益之物，有责无赏。限满他人仿做”。

这样的专利主张已经很接近现代意义上专利法了，因为其不仅规定了发展经济是专利制度最根本的原则，而且将“大专利”（发明创造）和“小专利”（实用新型）进行了区分，并在保护期限和奖赏方面作了不同的规定。由于太平天国的失败，洪仁玕的设想没能得到真正施行，但对中国专利制度的形成和

---

[1] 徐海燕. 中国近现代专利制度研究（1859—1949）[M]. 北京：知识产权出版社，2010:1.

其后社会经济的发展产生了重要影响。此后，清政府在洋务运动中制定过《振兴工艺给奖章程》。辛亥革命后北洋政府颁布了《奖励工艺品暂行章程》，这是我国第一部成文的专利法律。国民政府时期，总结了清末颁布过的一些专利方面的法律条文并收集参考了西方先进国家的经验，制定了《中华民国专利法》及其实施细则，该法框架严谨，条文丰富，这是我国第一部现代意义上的专利法。

中华人民共和国成立之后，百废待兴，各行各业蓬勃发展，对专利制度的探索也从未停止。1950 年颁布了《保障发明权与专利权暂行条例》，但该条例仅仅对非国营、非集体企业中个人的发明创造授予专利权，而且条文规定也比较笼统，1963 年该条例被废止，取而代之的是《发明奖励条例》，并于 1978 年进行了修订。以上两部条例并非完善的专利法律，专利制度也没能有效推开，真正确定实施专利制度、成立专利局、制定并颁布专利法，这些是在改革开放初期完成的。1978 年前后，对于我国是否需要建立专利制度有多种声音❶，有赞成的，也有反对的。经过一段时间的酝酿，1978 年 7 月，中央做出了“我国应建立专利制度”的决策。根据这一决策，从 1979 年 3 月开始制定专利法，1980 年成立了中国专利局，即现在的国家知识产权局（官方网址：http://www.cnipa.gov.cn/，首页如图 1-6 所示），同年成立专利文献出版社（现知识产权出版社），为公开、公告专利文献做好准备。

1984 年 3 月 12 日，第六届全国人大常委会第四次会议通过了《中华人民共和国专利法》，并定于 1985 年 4 月 1 日开始实施。实施专利法的第一天，就收到来自国内外的专利申请 3455 件，被世界知识产权组织誉为创造了世界专利历史的新纪录。拿到新中国第一件专利申请号的是当时航天工业部第二研究院二零七所的胡国华，也是这件专利的第一发明人，他拿到了“CN85100001”这一具有伟大时代意义的专利申请号，名称是“可变光学滤波实时假彩色显示的方法和装置”，IPC 分类号有三个，分别是 G02B27/46、G03B33/06、G02B5/18，该件专利的说明书扉页如图 1-7 所示。为了拿到第一件专利申请

❶ 郑成思. 试论我国建立专利制度的必要性 [J]. 法学研究 ,1980(6):26-28.

号，还流传着这样一段佳话，据说胡国华教授当年为了拿到这一专利申请，在4月1日专利局开窗受理申请之前已经排了三天三夜的队，其对专利法的期盼和执着的精神令人钦佩。此后，《中华人民共和国专利法》历经1992年、2000年、2008年、2020年四次修订，法律框架和条文日臻完善。

图 1-6　国家知识产权局网站

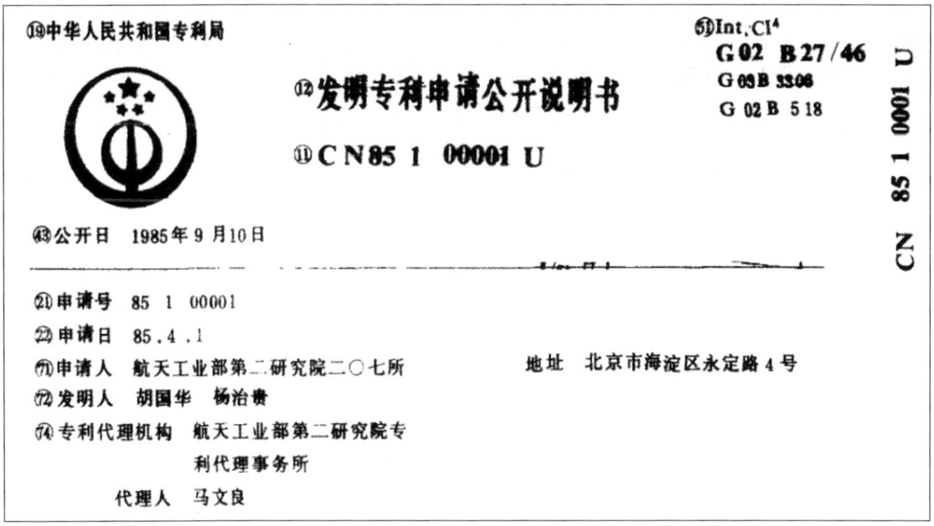

⑲中华人民共和国专利局

⑫发明专利申请公开说明书

⑪CN85 1 00001 U

⑤①Int.Cl⁴
G02 B27/46
G03B 33/06
G 02 B 5 18

CN 85 1 0001 U

④③公开日　1985年9月10日

②①申请号　85 1 00001
②②申请日　85.4.1
⑦①申请人　航天工业部第二研究院二〇七所　　地址　北京市海淀区永定路4号
⑦②发明人　胡国华　杨治贵
⑦④专利代理机构　航天工业部第二研究院专利代理事务所
代理人　马文良

图 1-7　新中国第一件专利说明书扉页

雄关漫道，桑海沧田，从太平天国的洪仁轩专利思想到今天我国完备的专利制度，已经走过了160余年。如今，我国的专利制度无论从确权还是用权、维权阶段来讲，都已经相当完善。2019年，中国发明专利申请量超过140万件，授权发明专利45.3万件。专利制度的发展和成熟，极大地促进了科技创新的进步，从2015年开始，我国在世界知识产权组织发布的全球创新指数（GII）排名中逐年提高，2019年达到了全球第14位的历史新高。有理由相信，专利制度在中国的发展会越来越好。

1.1.4 区域性专利组织介绍

1. 世界知识产权组织

专利制度在各个国家的发展是相对独立的，每个国家都有自己的专利法律，也就产生了专利保护的地域性，如中国的专利法管不了在美国发生的侵权，但是中国的企业能否在美国申请专利呢？这就需要各个国家共同商量了，商量的结果就是建立了一个国际间的专利协调组织：世界知识产权组织（WIPO），其官网网址为https://www.wipo.int，首页如图1-8所示。

图1-8 世界知识产权组织网站

时间回溯到 1873 年，当年的一件事催生了各国间专利制度相互协调和规范的组织，即世界知识产权组织的出现。当年奥匈帝国举办了维也纳发明国际展览会，由于参展商担心展示商品得不到充分保护，因此不愿将其发明在展览会上展出，这促使各国政府协商制定了一个公约。1878 年，在巴黎召开了工业产权国际大会，并决定尽快召开外交大会，以统一工业产权立法基础。1883 年，在巴黎召开的外交大会中，通过并签署了《保护工业产权巴黎公约》，简称《巴黎公约》，最初成员国只有 14 个，现在成员国已达 177 个。我国于 1985 年 3 月 19 日正式成为巴黎公约成员国。《巴黎公约》规定各国组成保护工业产权同盟（简称“巴黎同盟”），巴黎同盟设有三个机关，即大会、执行委员会和国际局，这个国际局与另外一个国际局，即根据 1886 年缔结的《保护文学和艺术作品伯尔尼公约》而设立的管理著作权的国际局，均由瑞士联邦政府管理。1893 年，瑞士联邦政府将两个国际局合并，组成联合国际局，即世界知识产权组织的前身。现在的世界知识产权组织已经在 1974 年成为联合国的一个专门机构，总部设在瑞士日内瓦。我国于 1980 年 6 月 3 日加入了世界知识产权组织。

2. 欧洲专利局

欧洲是专利制度的起源地，而且欧洲的国家众多，专利申请业务繁忙，如何通过一个专利协议来统一受理专利申请并且快速的在各国生效？这个问题曾经一直在讨论和磋商中。后来，经过长达 20 多年的谈判，终于在 1973 年 10 月 5 日由 16 个国家在德国慕尼黑签署了《欧洲专利公约》。根据该公约，1977 年 10 月 7 日欧洲正式建立了一个多国政府间的组织，即欧洲专利局（简称“欧专局”，官网地址为 https://www.epo.org/），首页如图 1-9 所示。欧专局目前有缔约国 38 个，延伸国 3 个，生效国 3 个。缔约国就是已经签署了《欧洲专利公约》的国家。延伸国的意思是地处欧洲但没有签署《欧洲专利公约》，不是《欧洲专利公约》的缔约国或者说成员国，但是欧专局与这些国家单独签署了协议，使欧专局审批过的专利可以在这些国家得到保护，这些国家称为延伸国，如黑山、波斯尼亚和黑塞哥维。还有一些国家在地缘上不属于欧洲范畴，但在欧洲的专利申请同样也可以在这些不属于欧洲的国家内生效，这些国家叫作生效国，包括摩洛哥、摩尔多瓦和突尼斯。

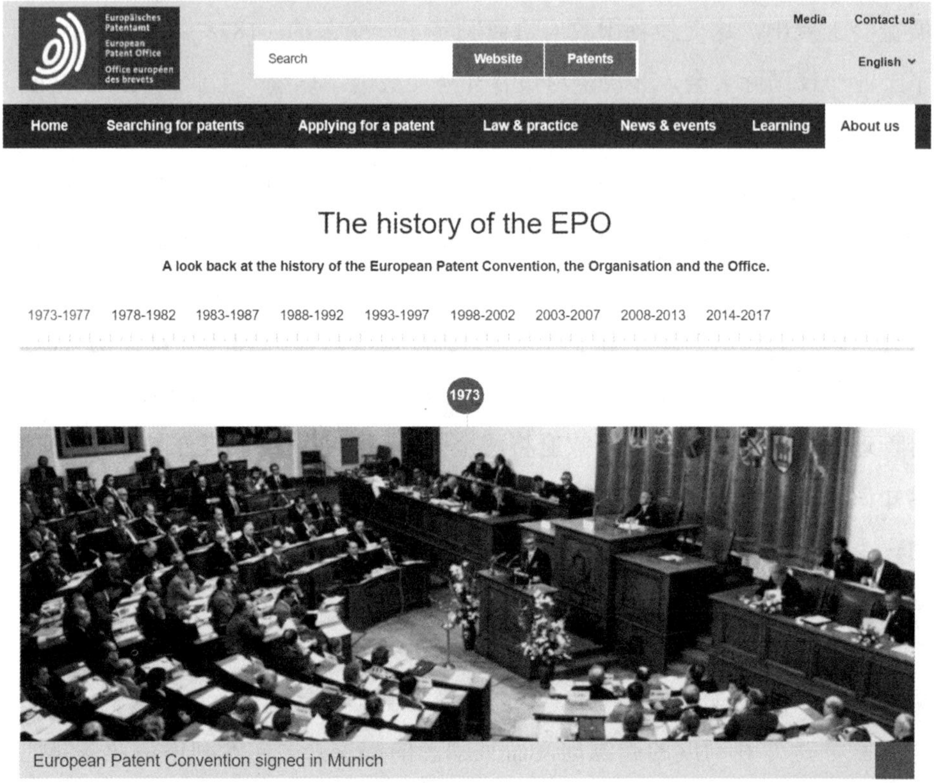

图 1-9 欧洲专利局网站

在欧专局申请的专利类型可以是产品发明或方法发明，专利申请授权后还应到其需要被保护的具体国家办理备案手续。实用新型和外观设计需要到各个国家的专利局去申请，不是所有的欧洲国家都有实用新型这个专利类别。而外观专利可以通过欧盟知识产权局（https://euipo.europa.eu/）负责申请的受理和审批。欧盟知识产权局 2016 年之前叫作“欧盟内部市场协调局”（OHIM），是欧盟框架范围内设立的知识产权管理机构。

欧专局与我国国家知识产权局有着非常广泛和深入的合作，2014 年启动的全球专利案卷系统（Global Dossier）服务项目被记录在了欧专局年度大事记中，如图 1-10 所示。

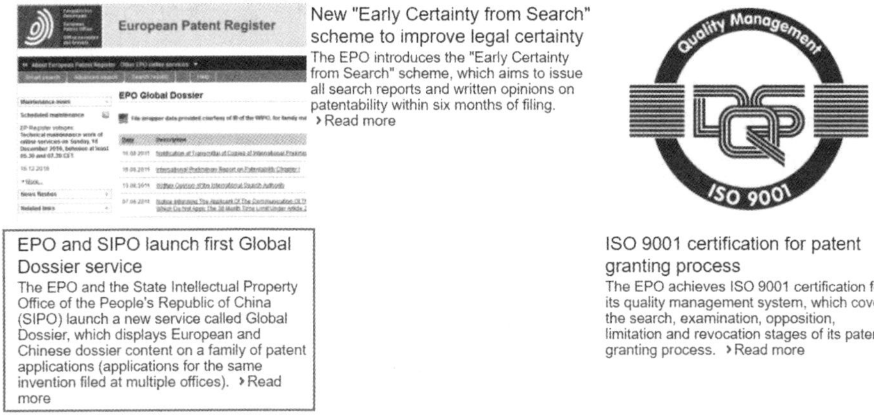

图 1-10 欧洲专利局大事记

1.2 初识专利权

1.2.1 专利权的种类

在专利制度下，专利权是法律授予技术创新者的一项权利，受到保护的是对技术方案的独占实施权、许可权、转让权等权利。不受专利制度保护的技术可以被称为“普通技术”，申请了专利权从而受到专利制度保护的技术被称为“专利技术”。专利技术本质上由两部分组成，核心部分是技术方案的本身，外层是专利制度给予技术专用的法律保护，二者缺一不可。不是任何技术通过申请专利都能得到授权，申请后只有通过新颖性、创造性、实用性等诸多授权条件的审查才能获得授权，所以专利技术具有两重天然的属性，一个是技术的先进性，另一个是法律的独占性。

用一项技术申请专利，按照对产品改进的元素不同及创新点的高度不同将专利分为三类，分别是发明专利、实用新型和外观设计。按照我国专利法的规定，发明专利是指对产品、方法或者其改进所提出的新的技术方案，如发明了新的工艺、新的材料、新的配方、新的结构、新的产品、新的方法等都可以申请发明专利。实用新型是指对产品的形状、构造或者其结合所提出的适于实用的新的技术方案，实用新型仅适用于对产品的形状、构造进行改进的方案来申请，这里面所有可以申请实用新型专利的技术方案都可以申请发明专利，反过来则不可以，只有涉及形状、构造的技术可以申请实用新型专利。例如，一种具有防盗功能的瓶盖，结构设计很巧妙，既美观又防盗，这一技术方案属于对产品的构造进行了改进，可以申请实用新型专利。外观设计是指对产品的形状、图案或者其结合及色彩与形状、图案的结合所作出的富有美感并适于工业应用的新设计。例如，一种卡通猫仔外形的手持风扇、新的流线型车身设计等都可以申请外观设计专利。所以，从“专利技术”的角度理解专利，就需要多从技术的角度去观察，即技术所属的领域、所使用的技术方案、解决了什么技术问题、达到了什么技术效果等。

1.2.2 专利权的申请流程

企业要想获取一项专利权，需要一路披荆斩棘，通过重重关卡。下面简要介绍国内和国外两类专利权的申请流程。

1. 国内申请流程

国内申请流程如图 1-11 所示。

国内专利申请的基本流程可以分为创意阶段和申请阶段。

（1）创意阶段。

企业在研发项目的设计阶段、实施阶段或生产阶段，都会有技术改进或新技术产生的可能，这些技术构思成为创意，然后将这些创意用文字、图形等方式进行描述说明，包括技术方案内容、本发明的创新点和保护点、技术效果等方面，形成一份文档，这份文档有一个专有名称，叫作“技术交底书”。技术交底书写好之后，需要按照专利局官方的文档格式撰写专利申请文件，撰写专利申请文件时企业可以自行撰写，也可以委托专利代理机构撰写，目前绝大多数情况都是委托代理机构撰写。因为代理机构长期从事这项工作，经验更丰富，撰写出来的申请文件质量更好，保护范围更适宜，更有利于后续授权和维权。

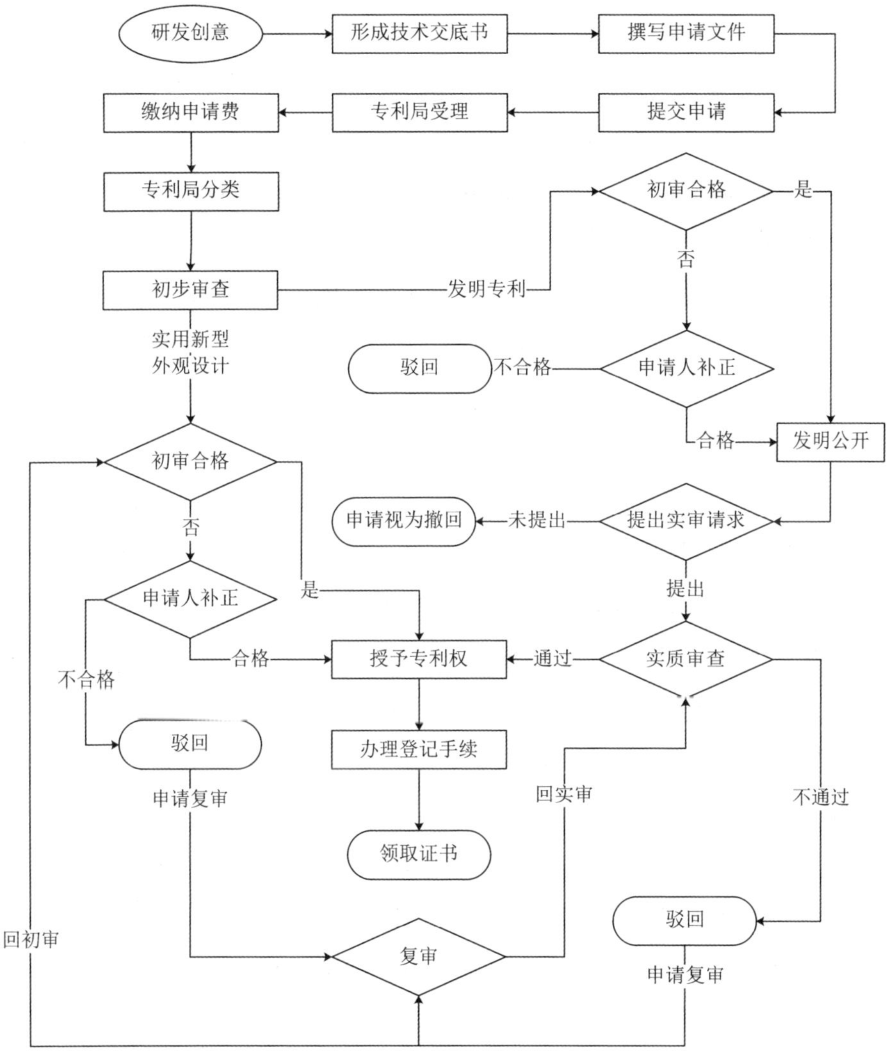

图 1-11　国内专利申请流程

（2）申请阶段。

申请阶段大致分为以下七个步骤。

① 提出申请。将撰写好的申请文件通过国家知识产权局专利电子申请渠道（http://cponline.cnipa.gov.cn/）或纸质申请渠道（国家知识产权局受理大厅或全国各地专利代办处 http://www.cnipa.gov.cn/zldbc/gdzldbc/index.htm）递交国家知识产权局进行申请，国家知识产权局受理以后会发出《专利申请受理通知书》，主要内容包括申请号、申请日、发明名称、申请人、发明人等。

② 缴费和分类。企业需要缴纳申请费，国家知识产权局收到费用之后，会对这件申请进行分类，发明专利和实用新型的分类采用 IPC（International Patent Classification）和 CPC（Cooperative Patent Classification）两种分类体系，外观设计采用洛迦诺分类体系。

③ 初审。初审环节根据专利权种类不同分成了两个分支，一个分支是发明专利分支，另一个分支是实用新型和外观设计专利分支。先来看一下发明专利分支，发明专利如果初审不合格，需要申请人就不合格的问题进行补正，如果补正合格将进入下一环节，如果不合格申请将被驳回，初审合格会进入公开环节。再来看实用新型和外观设计专利分支，实用新型或外观设计申请如果通过了初审则会进入授权环节。

④ 发明公开。这个环节是针对发明专利而言的，实用新型和外观设计申请不涉及。在这个环节中，通过初审的发明专利申请文件将会按照规定的版式出版、公开。我们国家目前是每周周二、周五（目前中国专利事务每周公布两次，分别是周二和周五；2017 年 6 月 6 日之前一直是每周公开一次，即每周三公开；以后也许每天都进行公开）进行公开，此时公开的文件叫作“专利公开文本”，文本中包括著录项目、摘要和摘要附图、权利要求书、说明书、说明书附图 5 个部分。公开有两种方式，一种是纸质专利公报的方式，另一种是网络电子公开，电子公开的官方网站为 http://epub.cnipa.gov.cn，如图 1-12 所示。公开的这些文档称为专利文献，这些专利文献日积月累形成了专利数据库，数据库中包含每一项专利的技术信息、法律状态信息、持有人及其变更信息等丰富的技术、法律、经济数据。从这个角度讲，应用好专利数据库，对于

提高专利管理业务水平是非常重要的。

图 1-12 中国专利公布公告网

⑤ 发明实质审查。这个环节是针对发明专利申请而言的，需要由申请人提出实质审查请求，即发明专利要想获得授权需要初审和实质审查（简称“实审”）两个步骤。是否进入实审，需要申请人提出，如果在申请日起3年内都没有提起实审，则该申请被认定为“申请视为撤回”，意思是由于申请人没有主动提出要求而进行实审，这份申请被当作由申请人撤回了。进入实审的申请，需要经过审查员的审查，通过检索现有的文献，包括专利文献、期刊文献、图书文献等，按照新颖性、创造性和实用性等审查规则，评判申请的专利是否满足授权条件，审查出任何问题，将会发出审查意见通知书，要求申请人答复。有时，这种往复的审查员和申请人之间的“PK”要经过多轮，最后如果审查员认为申请的技术方案没有可授权的内容，这份申请将被驳回。

⑥ 复审。复审环节是针对三种专利在初审后被驳回或发明专利实审后被

驳回而设置的一个救济环节。复审由申请人提出，如果申请人觉得审查员审查有问题，可以提起复审，如果复审环节确认了实审过程没有问题，而最终结果还是被驳回，那么在推翻实审结论的前提下，则还有可能获得专利权。

⑦ 授权。一份申请如果经受住了“考验”，该申请将被授予专利权。在申请人办理了登记手续和缴纳授权当年的年费之后，就可以取得专利证书了。随后，将最后审查过的申请文件内容再次出版、公告，此时的文本叫作“专利授权文本”。一般情况下，授权文本和公开文本主要变化体现在权利要求书部分，因为公开文本的权利要求书内容是申请人希望得到保护的内容，最后授权文本的权利要求书内容是经过审查员实审后确认的内容，也许申请人希望保护的范围有“西瓜”那么大，但是经过审查之后，授权时候的保护范围只有“芝麻”那么大。

2. 国外申请流程

企业的产品或服务打算卖到国外，或企业在国外有分支机构，就会有在国外申请专利的需求，如某企业研发的电视机物美价廉，打开了国外市场，产品在某个国家销售，也需要和国内一样，通过申请专利以保护自己企业的产品不被侵权，由此就有了申请国外专利的需求。

到国外申请专利目前有两条途径，一条是直接到该国的专利局申请，即所谓的《巴黎公约》途径；另一条是通过世界知识产权组织中转申请，也就是“PCT”途径，下面分别简要介绍。

(1)《巴黎公约》途径。

在前面我们已经了解了《保护工业产权巴黎公约》(以下简称《巴黎公约》)的由来，现在来看一下通过《巴黎公约》途径申请国外专利的一般流程。

《巴黎公约》途径也就是直接到各个国家的专利局去申请专利，如想去美国申请专利，可以找一家美国本地的代理所代为申请。一般国家不允许外国企业直接递交专利申请，因此企业需要找一家本国的专利代理所办理事务，这样专利局对该件申请更可控，主要是往复沟通更有保障。

如果产品想在美国、日本、德国、韩国等多个国家销售，这种模式就需要分别到这几个国家的专利局申请专利。

根据我国专利法的规定，采用这种方式申请国外专利，企业需要先在国家知识产权局申请保密审查，确认该技术方案是否可以去国外申请专利，如果通过保密审查，允许到国外申请专利，才可以在其他国家申请专利。企业一般的做法是先申请国内专利，同时提请保密审查，然后在国内申请日起算 12 个月以内，向国外申请专利。这里解释一下 12 个月的来历。根据《巴黎公约》的规定，签约《巴黎公约》国家的公民或法人在其他国家享有国民待遇，所以这里有个优先权的规定，就是一个国家的国民在本国申请专利后 12 个月内到签约的其他国家申请专利，可以享受本国的申请日作为优先权日。申请日的作用非常重要，是后续审查检索对比文件的重要时间点，如某企业在 2019 年 1 月 1 日申请了一件专利，在审查该专利的时候，检索评价该专利对比文件的公开时间范围要限定在 2019 年 1 月 1 日之前，所以申请日越靠前，检索的对比文件范围就越小，能检索到的相同或相似技术方案的概率越小，对于专利获得授权就越有利，通俗地说就是申请专利要趁早。申请受理以后的流程根据各个国家的具体规定办理，如缴费标准、答复流程等，采用这种巴黎公约方式申请专利可以申请发明专利、实用新型、外观设计三种类型。

以上就是通过《巴黎公约》途径向国外申请专利的一般流程，采用这种方式有个优点，就是申请灵活，时间机动，缺点是费用比较高，手续烦琐，各个国家的多个申请上没有通用的流程，即使各个国家的流程步骤、递交文件都相同，也需要每个国家分别走一遍。是否有相对简约的流程呢，下面来看一下 PCT 途径。

（2）PCT 途径。

先解释一下 PCT 这个词，PCT 是 Patent Cooperation Treaty 的缩写，即《专利合作条约》。

《专利合作条约》是继《巴黎公约》之后专利领域又一重要国际条约，是国际专利制度发展史上的又一个里程碑。该条约于 1970 年 6 月 19 日由 35 个国家在美国华盛顿签订。1978 年 6 月 1 日开始实施，截至目前，共有 153 个成员国，同样由世界知识产权组织管理。我国从 1994 年 1 月 1 日起成为成员国，国家知识产权局（当时的中国专利局）正式成为PCT的受理局、指定局和选定局、国际检索单位和国际初步审查单位。从此，中文成为PCT正式工作语言之一，我国的申请人可以用中文通过PCT途径直接申请国外专利。

PCT途径申请国外专利，简单说就是“先集中后分散”的模式，集中的阶段是从受理到公开，这一阶段称为“国际阶段”，分散的阶段是公开到授权，这一阶段称为“国家阶段”。

企业选择采用PCT途径申请专利，同样也需要作保密审查。企业可以直接向世界知识产权组织或者世界知识产权组织授权的受理局提交PCT专利申请，如我国的国家知识产权局就是受理局之一，受理之后进入国际检索报告、初审报告阶段，同时在申请日起18个月会在世界知识产权组织网站上公开（https://patentscope2.wipo.int/search/en/search.jsf）。国际局或受理局基于检索结果会给出这件专利是否有授权前景的报告。至此，国际阶段已经走完了。接下来是国家阶段，就是这件PCT申请会根据企业的需要指定某些国家，然后进入各个国家的专利局完成审查，如指定了美国、日本、韩国三个国家，则会将这件申请同时转给这三个国家的专利局，按流程完成专利审查、授权。

目前企业一般的做法是先申请一件国内专利，同时提出保密审查，然后在12个月之内提出PCT申请，在16个月之前会收到国际检索报告和书面意见，18个月将进行国际公布，22个月之前提出国际初步审查请求，28个月之前收到专利性国际初步报告，然后在第30个月之前进入国家阶段。

采用PCT途径申请国外专利只能申请发明专利和实用新型两种专利，外观设计专利不在受理范围之内。采用这种方式的一个优点是一次申请可以在多个国家提起实审，简化了一些流程，也会降低一些费用支出。

1.2.3 专利权的一般性质

1. 严谨性

专利权不是凭空产生的，是靠申请人申请得来的，需要通过一定的申请流程申请和审批才能获取专利权，所以取得一项专利权也并非易事，需要一路

“通关”，最终才能拿到那本专利证书，如发明专利需要达到“三性”等要求才能被授予专利权。这里所说的“三性”分别是新颖性、创造性、实用性。新颖性就是在申请专利的时候，全球范围内没有与之一模一样（技术领域相同，要解决的技术问题相同，技术方案相同，最后达到的技术效果也相同）的公开的技术记载，简单说就是当前的这项技术与之前相比有区别就算有新颖性，如之前的笔帽是圆形的，申请专利的技术是方形的，新颖性突出的是“新”字。创造性就是跟现在已经存在的技术相比，其突出的特点非显而易见，需要一定的技术手段才能做到，表明其创新水平比较高，这个就需要一些方法的判断，目前常用的是“三步法”判断，对审查感兴趣的读者可以看《专利审查指南》中的具体内容，创造性体现的是“高”字。实用性，就是申请专利的技术或外观设计是否实用，是否可以应用于工业生产，就是说申请专利的技术要有实用的价值，而不是为了专利而申请，如很多申请人申请过“永动机”的专利，因为该专利申请中的技术方案违背了自然规律，从能量守恒原理上来说不可能不依靠外力就能让机械永远维持自行运转，所以，这种申请不具备实用性。因此，专利权是按照一定的流程审核确定的，具有很高的严谨性。

2. 独占性

企业取得专利权之后，专利技术就会受到法律保护，本质上就是保护专利权的独占性，也叫排他性，就是权利持有人或合法的被许可人可以使用，其他人未经专利权持有人许可不能使用该项专利技术。利用这种独占性，可以将专利权进行“出租”或“卖掉”，也就是“许可”或“转让”等。专利“许可”的模式可以分为普通许可、独家许可、独占许可等。许可给多家公司使用是普通许可，只许可给一家公司使用，并且权利人自己也能使用是独家许可；只许可给一家公司使用，权利人自己也不能使用，是独占许可。无论是哪种许可模式，都利用了专利权的独占性这一鲜明的特征。

3. 地域性

专利制度是由某个具体国家或地区制定和实施的，如中国、日本、韩国等。虽然专利制度的本质相同，但由于每个国家或地区的发展程度不同，各国或地区的生产力发展水平不同，所以导致了其专利制度具体规定有所不同。如我国有实用新型的专利类别，但美国就没有实用新型这个专利类别；又如，我国外观专利保护期是10年，专利权到期后，权利自动终止，而加拿大外观专利保护期虽为10年，但10年到期后，还可以续展一次，续展期限为5年。这种区别就形成了专利制度的地域性。也就是说，在中国申请的专利权只能在中国得到保护，在美国申请的专利权只能在美国得到保护，没有一种全球通用的专利权，所以专利权只能在指定的国家或地区申请并享受保护。

4. 时效性

发明人发明一项新技术是需要研发成本的，以公开的代价换取了受保护的权利，各国为了平衡发明人公开付出的风险和得到的受保护权利来制定一个时间期限，就是说给发明人多长时间的专用权可以平衡发明人、社会公众之间的利益，各国的规定不尽相同。以我国为例，从申请日起算，发明专利保护期最长为20年，实用新型和外观设计专利保护期最长为10年。其他主要国家的专利保护期限设置年限各有不同，例如：

（1）美国的发明专利自申请日起保护期为20年，外观设计自授权日起15年；

（2）日本的发明专利自申请日起保护期为20年，实用新型自申请日起10年，外观设计自注册日起15年；

（3）韩国的发明专利自申请日起保护期为20年，实用新型自申请日起10年，外观设计自登记日起15年；

（4）德国的发明专利自申请日起保护期为20年，实用新型自申请日起10年，外观设计自申请日起20年；

（5）英国的发明专利自申请日起保护期为20年，外观设计自申请日起25年；

（6）法国的发明专利自申请日起保护期为20年，实用新型自申请日起6年，外观设计：自申请日起25年。

5. 不稳定性

前面提到专利权具有严谨性，即专利权是按照一定审查流程和标准进行授权的，但是专利权也有随时灭失的可能，主要有两种原因：一种是没有及时缴纳年费，意味着权利人已经没有继续维持这件专利权有效的意愿，当然也有可能是忘记了缴纳年费，错过了缴纳年费的时机；另一种是专利权被“无效”了，下面分别简要介绍。

首先，关于年费缴纳。权利人在取得专利权之后，需要每年缴纳年费才能享受保护，而且年费需要提前缴纳，如果一直缴纳年费，则可以保护其专利权至法律规定的最长保护期限；如果从某一年开始不再缴纳年费将会导致其专利权被放弃，专利权也就终止了。其次，专利权被“无效”是专利权不稳定性的重要风险来源。如果有公司或个人向国家知识产权局对这项专利权提出无效请求，也就是试图证明在申请阶段存在实质性或程序性的瑕疵，那么一旦证明成功，这项专利权会被宣告无效，无效的含义并不是专利权到此终止，而是自始至终就不存在，就是说相当于国家知识产权局从来没有给这件专利申请授过权。最后，除了以上两种主要原因，还有一种情况就是专利权的持有人可以主动声明放弃已经取得的专利权，此后也将不再享受保护。

专利权的稳定性受多方面的影响，在企业专利管理中，首先要定时评估每一件专利权的价值，以便决定是否需要继续缴纳年费，其次要定期对专利权被“无效”的可能性进行风险监控和评估。

6. 与反垄断的关系

我们通常的理解是取得了专利权就取得了对这项技术的专用权，在一定程度上也可以说是垄断权，那和反垄断有什么关系呢？这里是不是存在矛盾？

专利权与反垄断之间的核心问题是专利权的使用要有“度”，不能“滥用”，正常行使专利的权利不会受到《反垄断法》的制约，如果利用专利权使产品在市场中处于支配地位，并且滥用这种支配地位，就会触犯《反垄断法》。我国目前施行的《反垄断法》第五十五条规定：经营者依照有关知识产权的法律、行政法规规定行使知识产权的行为，不适用本法；但是，经营者滥用知识产权，排除、限制竞争的行为，适用本法。什么是合理利用，什么是“滥用”？我们看一个小例子。A 公司在 CDMA 技术领域实力很强，很多专利进入了国际标准，成为标准必要专利（专利的技术方案成为标准中的某些条款，执行这项标准将必然使用这项专利技术，标准必要专利的英文为 Standard Essential Patent，SEP），在市场中形成了支配地位，2014 年 A 公司被查明，其很多核心 CDMA 无线标准必要专利已经过期，而 A 公司与被许可人签订的 CDMA 和 WCDMA 专利许可协议中均包括相关过期的标准必要专利，其本质就是“强买强卖”，这就是“滥用”的行为，最终被国家发改委认定为垄断行为，触犯了《反垄断法》，被处以 60.88 亿元人民币的罚款。

1.2.4 专利权的终结

了解了专利权的申请流程和基本性质之后，再来看一下专利权的终结问题。

前面提到了专利权具有不稳定性，取得了专利权之后会以哪些方式终结，也就是说什么情况下权利人不再享有专利权？下面介绍以下五种典型情况。

（1）专利权转让。专利权的转让是权利被转移给了其他企业或个人，像实物商品一样，专利权转出了本企业，以后也就不再享有相应的权利。

（2）专利权到期。我们知道专利的保护是有期限的，所以当专利权的维持达到了法律规定的年限，专利权将终止，此时这项技术就进入了公有领域，成为社会公共资源，其他企业使用的时候也不用再支付费用。

（3）未缴年费。专利权的有效需要通过每年缴纳年费来维持，而且年费一般会随着维持的年限增加而提高。如果企业由于疏忽错过了缴纳年费的时机，则该专利权将被终止。当然，如果企业的专利权很多，为了维持这些专利权有效，每年缴纳年费对于企业来说也是一笔不小的开支。对于价值不高的专利，可以采用不缴纳年费的方式放弃专利权，如果权利人不再缴纳年费，则专利权就会被视为放弃，也会导致权利终结。

（4）专利权被无效。专利权无效是个法律过程，即有人对专利权的授予提出质疑，申请这项授权是无效的。当然提出无效申请的时候必须拿出相应的证据，并经过专利局的审查，如果确实达到了无效的标准，则这件专利权将被宣告无效。

（5）专利权主动放弃。专利权人可以主动向国家知识产权局提交一份放弃其享有的某项专利权的声明来放弃该专利权，声明放弃专利权，需要全部权利人的同意和书面签字，而且放弃时不能有所保留，如想保留权利要求1，放弃权利要求2～5，这是不被允许的，必须整件专利权全部放弃。如一项技术方案同时申请了发明专利和实用新型，由于实用新型审查周期短，相对于发明专利来说会先授权，当发明专利授权的时候，审查员就会让申请人选择是否放弃之前取得的实用新型专利权，只有放弃了实用新型专利权，这件发明专利才会被授权。

1.3 专利生态圈

前面提到，假如我们将专利制度理解为一套专利的“游戏规则”，那么在这一规则下，参与的“玩家”很多，包含多个板块和环节，便形成了专利制度下的生态圈。

2008年《国家知识产权战略纲要》将知识产权划分为四个方面，即创造、保护、运用、管理。除此之外，服务环节也非常重要，尤其是在专利运营如火如荼的今天，服务环节越发重要。在近几年开始的知识产权运营服务体系建设工作方案中，明确提出了要提高知识产权创造质量、保护效果、运用效益、管理能力和服务水平。专利作为一类重要的知识产权，具有完整的“创造、保护、运用、管理、服务”5个环节，如图1-13所示。下面我们了解一下专利各个环节的业务概况。

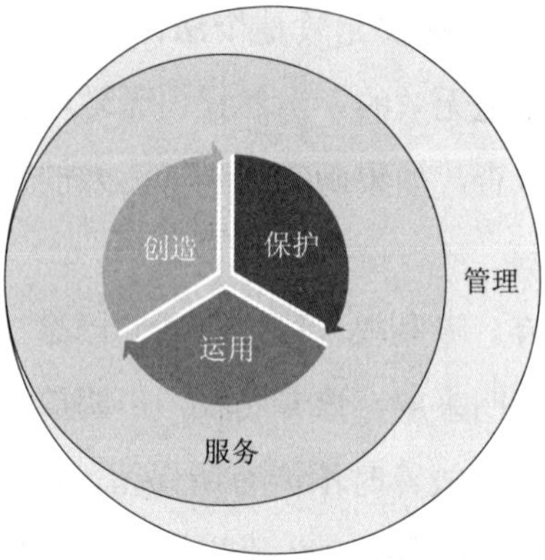

图 1-13　专利生态圈

1.3.1　创造圈

创造是专利权从无到有的过程，这里又分为技术创新和专利确权两个阶段。

要拥有专利权，首先要有创新的技术方案，所以进入创造环节的第一个角色是“创新者”。在我国，创新者主要包括企业、科研院所、高校三类。企业中，尤其是创新企业中一般有专门的研发部门，为产品研究新技术，解决用户需求。根据专利申请和授权的数量比例，企业在我国已取得专利权创造的主体地位，尤其是在应用研究方面，远远高于科研院所和高校这两大群体。2020年上半年，发明专利授权量排名前 3 的企业依次为：华为技术有限公司（2772 件）、OPPO 广东移动通信有限公司（1925 件）、京东方科技集团股份有限公司（1432 件）。[1]企业中的研发机构一般有研发中心、企业技术中心、工程技术中心、博士后科研工作站、院士工作站等组织形式。诚然，直接创造出新技术方案的还是每一名辛勤的科研工作者和技术人员，也就是技术发明人。除此之外，企业中还有专门负责专利管理的人员，一般被称为专利工程师，也叫“企业 IPR”。

有了新的技术，要成为专利技术，还需要向国家的专利管理部门——国

[1] 林霞 . 2020 年上半年国内发明专利授权量排名前三强企业生产户华为第一 [EB/OL].（2020-07-09）. http://ip.people.com.cn/ni/2020/0709/C136655-31777418.html.

家知识产权局申请，然后专利审查员按照专利审查标准进行审查，经过审查员与专利工程师或专利代理师几番“理论”，达到授权标准的，该技术将被授予专利权。这里面涉及了两个角色，专利审查员和专利代理师。首先来看一下专利审查员，审查员被戏称为“审茬员”，申请专利的时候，申请文件要经过审查员的审核才能被授予专利权，审查员在审核过程中依照审查标准会指出不符合法律条款的情形，这个过程被戏称为“审茬”。审查员一般包括初审审查员、实审审查员、复审审查员、无效审查员等，目前审查工作由国家知识产权局专利局负责，专利局下设初审、机械、电学、化学、实用新型、外观设计、复审和无效等审查部门。同时，国家知识产权局在全国建设了 7 个专利审查协作中心，包括北京中心（http://www.patentexam.com.cn ）、天津中心（http://www.sipo-tj.com ）、河南中心（http://www.cnipa-hn.com.cn ）、江苏中心（http://www.sipo-pesc.com ）、湖北中心（http://www.sipo-hb.com ）、广东中心（http://www.sipo-gd.com ）、四川中心（http://www.sipo-sc.com ），当前，审查员队伍的规模达到 1 万多人。

目前，国际间的审查合作很活跃，如“全球专利审查高速路”（Global Patent Prosecution Highway，PPH）项目就是各专利审查机构之间为加快审查建设的项目。PPH 项目是两个或多个审查机构达成的协议，如中国和美国、中国和德国，或者中国、欧洲、美国、日本、韩国建设的 IP5 审查高速公路项目等。简单说就是相同的权利要求申请在不同审查机构审查时，在先的申请通过授权后，可以以此为契机向其他尚未开始审查的审查机构提出加快审查，目的是加快审查进度，尽快拿到授权。如申请人在中国申请了一件专利，然后以这件专利为优先权又向美国申请了专利，当中国这件专利被授权后，美国这件申请还没有开始审查，申请人可以依照中美之间的 PPH 协议，按照要求和流程，向美国专利商标局提出申请加快审查，如果条件都能达到，这件专利申请在美国专利商标局将进入加快审查通道。目前，我国国家知识产权局已经与全球 30 个左右专利审查机构达成 PPH 协议，方便了申请人在国外申请专利时提出加快审查的要求。了解更多关于 PPH 的内容可以访问国家知识产权局官方网站 PPH 专栏（http://www.cnipa.gov.cn/docs/pub/old/ztzl/ywzt/pph/）。

在我国，除了专利局和 7 个专利审查协作中心，还有多个“保护中心”和“快速维权中心”提供“预审”服务。预审服务就是在进入专利局正式审查前，由各地的保护中心或快速维权中心先进行审查，申请的专利如果属于当地优先支持的产业，并且有授权前景则这件申请将被贴上“优先审查”的标签，这样在后续专利局或审查协作中心正式审查时可以加快审查速度。目前，各地保护中心和快速维权中心在持续建设中，已经建成的保护中心有：中国（中关村）知识产权保护中心、中国（北京）知识产权保护中心、中国（滨海新区）知识产权保护中心等 26 家，快速维权中心有中国北京朝阳（设计服务业）知识产权快速维权中心、中国南通(家纺）知识产权快速维权中心、中国镇江丹阳(眼镜）知识产权快速维权中心等 19 家。

接下来看一下经常与审查员“挑战”的专利代理师，专利代理师是为申请人提供服务的，由于专利申请的专业性很高，尤其会涉及一些法律方面的事务，所以在企业专利申请的统计中约 92% 以上的企业都采用了委托代理机构申请的方式申请专利，也存在少部分由企业自行申请的情况。从事专利代理工作，首先需要考取专利代理师资格证书，可以在专利代理师网站进行报名考试（http://agent.cnipa.gov.cn:8000/sipo/index.action），在代理机构经过实习后取得执业资格证才能成为正式的专利代理师。截至 2020 年 10 月底，中国共有 53009 人取得专利代理师资格，执业专利代理师 22768 人，专利代理机构 3156 家，了解更多专利代理机构信息，可以访问“中华全国专利代理师协会”(http://www.acpaa.cn/)。

创新圈（专利创造阶段）是整个专利生态圈的起点，是一切后续活动的基础和源头，创造的数量和质量提高是由企业、科研院所、高校、代理机构、国家知识产权局等主体共同努力造就的。

1.3.2 保护圈

专利权产生之后，应受到严格的保护，只有保护得好，专利权的创造才更有价值，专利权的后续运营才有保障。其实，这更像在履行一项契约，发明人公开了自己的技术，法律应该提供严格的权利保护，如果不能提供保护，规则被破坏，专利制度将无以为继。所以，专利保护的核心就是维持权利人的合法权益不受到破坏。

我国目前提供司法和行政执法两种方式的专利权维权途径。如果专利权人发现其他企业有疑似侵权行为，可以通过到法院起诉的方式解决。为实现专利等技术类案件的审理及时有效、标准统一，目前我国最高人民法院设立了知识产权法庭（http://ipc.court.gov.cn），同时在地方设立了 3 家知识产权法院、20 家知识产权法庭，统一审理专利等专业技术性较强的民事、行政知识产权案件，形成了“1+3+20”的知识产权审判机构格局。3 家知识产权法院包括：北京知识产权法院（http://bjzcfy.chinacourt.gov.cn）、上海知识产权法院（http://shzcfy.gov.cn/）和广州知识产权法院（http://www.gipc.gov.cn/）。20 家知识产权法庭包括：南京、苏州、武汉、成都、杭州、宁波、合肥、福州、济南、青岛、深圳、天津、郑州、长沙、西安、南昌、兰州、长春、乌鲁木齐、海口。

除了法院这条司法途径以外，我国还有一条专利行政执法的途径提供专利权的保护，即由政府的相关部门承担假冒专利、专利侵权纠纷处理事务，如国家市场监督管理总局执法稽查局、北京市知识产权局、上海市市场监督管理局等地方市场监督管理部门。

司法途径具有审理层级多、时间长、程序严密等特点，行政执法途径具有执法程序简便、处理快、效率高、成本低等优势，经过多年的实践检验，这两种途径并存，符合我国当前的国情。

目前，国家知识产权局提出了包括专利在内的知识产权保护方向，即“严保护、大保护、快保护、同保护”。

“严保护”，即严格保护，如引入惩罚性赔偿措施、加大对各类侵权行为的惩治力度、让侵权者付出沉重的代价等。2021 年 6 月 1 日实施的《中华人民共和国专利法》（2020 年修订）中，已经加入了惩罚性赔偿规定。

“大保护”意思是说国家知识产权局和有关部门一起综合运用审查授权、行政执法、司法保护、仲裁调解等多种渠道，形成知识产权保护的合力。

“快保护”就是要利用知识产权保护中心、快速维权中心的建设实现快速审查，快速维权的协调联动，向社会公众提供更加便捷、高效、低成本的维权渠道。

“同保护”即要求对国内企业和国外企业，对国有企业和民营企业，对大企业和小微企业，对单位和个人的知识产权一视同仁，做到同等保护，营造更好的创新环境和营商环境。在此方针指引下，专利保护环节必将越来越出色。

1.3.3 运用圈

专利权的运用是企业专利管理中一项重要内容，是专利权实现价值化的过程。专利权的创造是与技术创新紧密相关的，而专利权运用则与市场运作密不可分。

专利制度有着很多优势，但取得的专利权如果得不到充分运用，被保护的技术方案就不会转化为现实的生产力，还会在一定程度上阻碍技术进步，此时优势会变成劣势，所以要加大专利权的运用。专利申请被授权后，就成了企业的一份无形资产，看不见，但用得着。既然是资产，就有其价值，实现专利权的价值有很多种方式，如可以保护产品市场、获得侵权赔偿、获取专利权许可费用、获取专利权转让费用、质押融资、作价投资、获得各级专利奖励等。

这个环节涉及的各类主体非常多，如企业、银行、保险公司、担保公司、政府主管部门、知识产权服务机构等。

制约专利权运用的根本因素在于前面“创造”和“保护”两个环节，即专利本身的含金量高低和市场的保护强弱，专利技术本身价值很高，市场保护非常严格，那么在运用环节将更为顺畅。同时，专利运用的优劣会对专利创造产生严重的影响，如果专利运用得好，如可以为本公司的产品销售保驾护航，那么企业就会获得更多收益，进而有更多资金投入研发中，研发更新颖更先进的技术，由此创造出更多更好的专利，形成一个良性循环。因此，专利的创造、保护、运用构成了一个互相影响，互相制约的闭环，提高这个循环水平的根本还在于高价值专利的培育与产出。

可喜的是，我国专利水平在稳步提高，专利运用也得到充分的发展。据统计，2020 年，知识产权使用费进出口总额超过 463.1 亿美元，其中，出口额 86.8 亿美元，同比增长 31.5%。[1] 例如，江苏恒瑞医药股份有限公司 2015 年将 PD-1 抗体项目许可给美国 Incyte 公司，总金额达到 7.95 亿美元，此后又将 JAK1 抑制剂项目许可给美国 Arcutis 公司，获得首付款和里程碑款共计 2.23 亿美元[2]，其在国内专利许可项目的金额中可谓空前。企业通过专利的良好运用不仅可以解决资金问题，还为企业的高质量发展注入了不竭动力。

1.3.4 管理圈

专利的管理主要包括对整个专利行业秩序的制定和监控，围绕创造、保护、运用、服务四个环节，对整个专利生态圈各项业务起到方向标和指挥棒的作用。

广义的专利管理参与的主体很多，包括国家知识产权局、科技部、中科院、教育部、市场监督管理总局、商务部、最高人民法院等，以及地方上的相关部门。科技部主要管理科技创新体系，管理和提高技术创新的质量，管理国家科技重大专项等研究项目、在企业中设立和管理国家技术工程中心等，为创造高质量专利提供源头保证；国家知识产权局管理内容主要包括知识产权行业的战略规划、专利确权的管理、专利服务业管理、专利人才管理、国际间合作等；其他主体单位各有相应的业务管理权限。这些在《〈国务院关于新形势下加快知识产权强国建设的若干意见〉重点任务分工方案》[3] 中可以很清晰地看到。

狭义的专利管理主要集中在国家知识产权局和地方专利管理部门，国家知识产权局主要职责在宏观管理上，如知识产权战略规划与实施、专利法及实

---

[1] 高凯 . 国家知识产权局：2020 年中国 PCT 国际专利申请达 6.9 万件 稳居世界首位 [EB/OL].（2020-04-25）. https://baijiahao.baidu.com/s?id=1697995551583286743 8wfr=spider&for=pc.

[2] 吴珂 . 提升综合运用效益 释放知识产权价值 [EB/OL].（2019-01-31）. http://www.cipnews.com.cn/Index_NewsContent.aspx?NewsId=113608.

[3] 国务院办公厅 . 国务院办公厅印发《国务院关于新形势下加快知识产权强国建设的若干意见》重点任务分工方案的通知 [EB/OL].（2016-07-08）. http://www.gov.cn/zhengce/content/2016-07/18/content_5092397.htm.

施细则等相关法律和部门规章等政策的起草、制定和修订、知识产权人才培养计划、知识产权国际交往等，国家知识产权局下属的专利局主要负责专利申请的审查、复审和无效的审查等专利确权业务。地方专利管理部门主要对本地区的专利业务进行管理，如地方专利政策的制定、专利政策的执行、专利侵权案件的行政执法等。

1.3.5 服务圈

专利服务包含的内容很多，参与的市场主体也很多，其核心是围绕创造环节、保护环节、运用环节、管理环节提供专业服务。

创造环节中的典型服务有专利挖掘服务，专利托管服务等，这类服务主要针对企业中没有知识产权专职管理人员或管理力量比较薄弱，尤其是专利托管服务，这主要是针对小微企业而存在的，就是将企业的专利挖掘、布局、代理及授权后的运营都由专业的托管机构负责。国家知识产权局从 2017 年开始在全国建设知识产权运营服务体系试点城市，其中一项重要指标就是对小微企业托管服务的能力考察。此外，在创造环节还有一项重要的服务就是专利申请的代理服务，企业有了创意，形成了技术交底书，如果本企业没有申请专利的专业人员，此时委外申请是一条最常用的途径。专利代理机构从接到企业技术交底书开始，常规服务包括把单纯的技术文件变成保护技术的专利申请文件、缴纳费用，以及后续与审查员的通知书答复、复审环节的服务等，一直到该申请结案为止。

保护环节的典型服务包括专利无效、侵权诉讼等，主要围绕专利权是否可正常行使开展。无效服务包括主动无效他人专利权和被动的无效应诉。同样，侵权诉讼也包括主动起诉其他企业侵犯本企业专利权和被动应诉其他企业发起的侵权起诉。如某企业 A 开发的一款产品特征与另外的一家企业 B 专利权完全相符，如果此时 B 企业起诉 A 企业产品侵权，则 A 企业可委托专利代理师或律师选择到国家知识产权局专利局复审与无效审理部去无效该专利，搜集证据后发起无效请求，经过审查员审查认定，最终会给出维持该专利全部有效、该专利部分无效或该专利全部无效三种结论之一。如果对国家知识产权局做出的无效决定不服，可继续向知识产权法院、高级人民法院提起行政诉讼，一直到该案件结案为止。除此之外，保护环节的服务还包括维权援助、司法鉴定服务等。

运用环节的服务有很多，包括质押融资、专利池运营、运营咨询、运营基金、许可转让、金融服务、专利保险、专利价值评估、专利证券化等。这个环节的服务主要围绕专利权的价值认定、变现、转移等开展。例如，某企业拥有一件专利权，其中技术价值也很高，此时有很多种运用方式，通过第三方的服务机构可以将该专利许可给其他企业使用取得专利授权费，还可以一次性将该专利转让给其他企业。如果资金短缺，可以到银行等金融机构将专利权作为抵押物获取贷款。与同行中其他企业专利组成专利池，向外统一许可，收取许可费，这些都是运用了专利权作为资产的属性来运作的。当然，这些也都需要专业化的服务商来提供服务，辅助企业更好的实现专利价值。

在管理环节，同样需要各种类型的服务，如产业导航服务、分析评议服务、信息化服务、专利奖评选服务等。为了发展本区域的特色产业，摸清产业的技术构成及发展趋势，需要进行产业导航分析服务；在上马某个重大项目之前，为了避免盲目投资，需要分析评议服务；在国家知识产权局或地方专利管理部门的具体管理中还经常需要信息化服务，比如专利审查管理系统、公共检索服务系统、专利资助管理系统等；为了引导高价值专利的培育，需要举办各类激励性质的评选活动，此时也需要服务机构提供专业化的服务。

专利的创造、保护、运用、管理和服务 5 个环节构成了丰富多彩的专利“生态圈”，参与到其中的企业 IPR、专利代理师、专利审查员、法官、律师、政府管理人员等构成了生态圈里面的重要角色，如果想更多了解各个环节的内容，每年的中国知识产权年会（http://www.piac-china.com/）是一个非常好的学习平台，通过各类主题会议中专家的讲座以及观展，可以亲身了解“创造、保护、运用、管理、服务”各个环节的知识内容和发展趋势，当然年会中不仅有专利方面的内容，还包括商标、地理标志等方面的内容，可以称为一个知识产权精彩的年度大舞台。中国知识产权年会从 2010 年第一届开始举办，最初称为“中国专利信息年会”，是专利信息服务领域的年度大会，随着参会人数的增加，参会需求的扩大，该年会升级为中国知识产权年会。在年会上有服务的展览和各种主题的会议，参展商主要以提供代理服务、信息服务、法律服务、国际服务等为主。参会组织囊括了国家知识产权局、企业、服务商、专利局、地方知识产权管理部门等专利生态圈中的各种角色的群体。年会上主题会议的演讲嘉宾水平都很高，包括国内外的专业人员，参会人数逐年提高。2019年中国知识产权年会在杭州举办，参会人数达到历史新高，超过1万多人，也展示了我国当前知识产权事业蓬勃发展的态势。

通过本章的阐述，您是否已经对专利有了一个初步的、全面的认识，知道了专利权有哪些特点，理解了专利作为一种社会制度是如何运转的，专利制度的由来、专利制度在国外和国内的发展历史，以及按照创造、保护、运用、管理、服务5个环节来划分的专利生态圈中每一个环节都有哪些主要的参与主体等等这些问题。无论您以前是从事企业技术研发还是其他非知识产权类工作，阅读本章后，都应对专利相关知识有一个清晰的认识。

第2章

信息化管理入门

2.1 企业专利管理的依据

俗话说："没有规矩不成方圆。"在企业做专利管理工作，只有遵循科学、规范、有效的管理原则和标准，才能有章可循，从专利管理中得到效益。本章主要涉及一部国家标准，即《企业知识产权管理规范（GB/T29490-2013）》和一套管理办法，即"企业专利管理办法"两方面内容。

2.1.1 一部国家标准

《企业知识产权管理规范（GB/T29490—2013）》这部标准是由国家知识产权局起草制定、原国家质量监督检验检疫总局和国家标准化管理委员会批准颁布的一项推荐性"国家标准"。该标准是我国第一部企业知识产权管理国家标准，贯彻执行该标准可以使企业建立一套系统和完整的知识产权管理制度、管理方法、工作体系和工作程序，使研发、生产等各个环节中涉及知识产权因素的活动都处于受控状态，从而完成企业知识产权战略目标，为企业的发展提供支撑。企业贯彻执行该标准的活动称为"贯标"。该标准于2013年3月1日实施，2015年6月30日国家知识产权局、科技部、工业和信息化部等八部委联合印发《关于全面推行〈企业知识产权管理规范〉国家标准的指导意见的通知》，将贯标工作推向高潮。2017年3月，基于该标准及《科研组织知识产权管理规范》《高等学校知识产权管理规范》三个标准提出的首个知识产权管理新国际标准提案《创新管理-知识产权管理指南》获得国际标准化组织创新管理标准化技术委员会（简称“ISO/TC 279”）批准立项，标志着基于创新管理全过程的知识产权管理国际标准制定工作的正式启动，也标志着中国知识产权管理方面的经验开始走向世界。

经过最近几年的贯标推进工作，目前全国已有数以万计的企业通过贯标认证。实践证明，贯标工作在促进企业技术创新、改善企业市场竞争地位、支撑企业持续发展及提升企业核心竞争力方面确实起到了极大作用。

这份标准内容涉及企业知识产权日常管理中的方方面面，包括专利权的获取、维护、运用、保护、管理、保密，以及研发立项、采购、生产、销售和售后等环节。在标准中非常重要的一条原则就是管理过程要符合 PDCA 循环的过程，PDCA 即“计划（Plan）、实施（Do）、检查（Check）、改进（Act）”四个步骤。PDCA 循环是美国质量管理专家沃特·阿曼德·休哈特博士首先提出的，由世界著名的质量管理专家爱德华兹·戴明博士采纳、宣传，该理论才得以在企业中普及使用，所以又称“戴明环”。其本质就是“事前计划、事中检查、事后总结”并带有“纠错”机制的过程管理方法。管理过程经过这四个阶段循环往复之后，管理效果会得到逐步改善和提高。这部标准也可以作为制定本公司专利管理办法的参考和依据。

当前，为了提高企业的知识产权管理水平，国家在大力推进该标准的贯标工作，各地目前都很重视该贯标工作，有些地区对于通过贯标的企业还会有一定的费用资助，如 2019 年北京市各个区县对通过贯标的企业都有一定额度的资助政策，海淀区对取得“标准认证”的企业，根据其实际产生费用，按照最高不超过 100% 的比例进行补贴，最高补贴金额不超过 10 万元。朝阳区对“贯标达标企业”给予政策上的支持和 15 万元的资助等。所以，在企业实际专利管理活动中，首先要非常重视这部标准，仔细研究标准中的各个条款的要求，并将标准中的要求落实到实际工作中去，尽快通过贯标认证。

2.1.2 一套管理办法

在《企业知识产权管理规范》（GB/T29490—2013）的指导下，企业无论所处行业和规模大小、无论发展程度如何，开展专利管理工作之前都应该制定一套符合本企业实际情况的更加详细和具体可执行的“企业专利管理办法”。制定该办法一般由专利管理部门牵头，广泛征询研发、销售、财务等部门的意见，最终还要经过公司高层领导的认可并正式发布，以此作为以后开展专利管理工作的具体要求。

“企业专利管理办法”应包括战略层和战术层两个层次的内容。战略层的内容，就是企业对于专利这项业务方向性问题的回答，如本企业搞专利为了什么？要达到什么目的？这是所谓战略层的范畴。举个例子，某企业的专利战略定位为：发展专利业务是为了提高企业产品的技术含量，增强核心竞争力，保护产品在市场中保持优势地位，进而提高整个企业的竞争力。在战略层指导下，就是战术层的内容，有了方向，就该解决“怎么做”的问题了。企业的专利管理办法中战术层面的内容，一般按照从宏观到微观、从概括到具体、从申请前、申请中到申请后全流程管理的思路进行设计，涉及人、机构、流程、经费等很多方面。

“企业专利管理办法”的主要框架包括总则、机构、权属、申报、保护、运用、奖励、处罚等内容，用以全面说明企业开展专利业务的规定及执行办法。下面分别简要介绍各部分的主要内容，为需要制定企业专利管理办法的读者提供一定的参考。

“总则”部分主要说明制定该管理办法的目的、目标等，也就是说首先开宗明义地介绍为什么要制定这部办法，以及专利管理业务所要达到的具体目标，可以包括宏观目标，也可以包括微观目标。

“机构”部分是为了解释说明管理专利工作的部门设置及主要职责，目的就是定义专利管理部门的业务范围及任务要求，如“起草本公司的专利战略”“编制经费预算”“负责专利申报”等。

“权属”部分应该明确规定什么样的发明属于职务发明，什么样的发明属于非职务发明，多个子公司之间合作的发明权属如何界定，本公司与外部单位合作的发明权属如何界定等，总之要分清专利申请权或专利权在本公司、其子公司及外部合作单位之间的权属问题，为后续运营扫清权属纠纷的隐患。

以上三部分是专利管理的基础保障，这三个方面的问题考虑清楚了，后面的具体事务管理就会轻松很多。

“申报”部分的规定主要是制定申报的流程，如从发明人提交申请需要经过哪些步骤的审核最终可以进入申请文件的撰写阶段；撰写阶段和代理机构的交互过程是怎么样的；什么时机下需要发明人参与会签等。这些均需要规定好。

“保护”“运用”两部分是针对已经授权的专利而言的，包括年费的缴纳、专利权的评估、侵权产品发现的处置规则、专利权转让、专利权许可等内容。

“奖励”“处罚”等部分是针对在专利申请、保护、运用等过程中的奖惩规定，比如申请的奖励中可以设计根据专利法的要求发明专利授权后奖励发明人的奖励额度、实用新型和外观设计的奖励额度等，以及同一件专利多个发明人如何分配奖金都应该做出明确规定。

针对以上各方面内容，每一项工作要有明确的工作流程。专利管理属于企业管理中一项具体的管理分支，既然属于管理范畴，那么流程控制在专利管理中非常重要，因为只有流程合理，效率才会提高，管理才会顺畅，任务繁忙时也不会手忙脚乱。专利管理过程中很多重要因素会影响专利申请能否获得授权，以及专利权的稳定性，所以必须采用“信息对等”和“群智群策”的流程会签方法，涉及的人员一定要沟通到位，防止单个环节考虑问题不周全、不客观等作出错误的决定。创意的审批、专利代理师撰写申请文件质量的评估、审查意见通知书的答复审核、年费缴纳的评估、专利申请撤回的评估等，都需要发明人、专利代理师、专利工程师、相关的各级负责人等共同参与审批。

制定流程之前首先要梳理业务，一是根据业务逻辑制定一个各流程的草稿；二是与相关部门一起确定下流程细节问题，如审批的岗位，审批的类型，审批人的角色设置等。除了审核过程的人员和组织方面要深入思考和规划外，制定流程时要充分考虑流程中的细节问题。以创意的审批流程为例，这个流程的重点是对技术交底书的审批，用来审批发明人提交的技术方案是否具有保护价值，以及用哪种方式保护最合适。是否具有保护价值取决于技术方案的含金量，如果经过审批确认技术含金量不高，属于现有技术的简单拼凑，则无须采取保护；如果有一定的技术含量，则此时需要决策以哪种方式进行保护，如果同行的竞争对手也可以在短时间内研发出该技术，则可以采用申请专利的方式；如果技术很复杂且难以用反向工程的方式加以破解，则技术秘密是一种很好的保护形式；如果没有达到申请专利的技术水平，但又担心竞争对手会去申请专利，则可以采用防御性公开的形式处理，如发表论文或在本公司官网发布一下相关内容等。这些逻辑都要事先设计好，以保证事务处理的正确率和高质量，并在审批的时候可以顺利完成流转。关于流程设计方面的问题，后面还会有专门章节来介绍。

《专利管理办法》在执行过程中会随着企业专利业务的深入和扩展，遇到很多新的情况和问题，所以该办法应该根据实际情况定时进行修订，如每年修订一次，以期达到最大的效果，防止成为“摆设”。该办法修订时注意办法版本的留存，比如 2010 年版、2020 年版、2021 年版等，方便出现问题时可以追溯。

2.2 专利信息化管理的要求

2.2.1 信息化与信息

“信息化”这个词是一个动词，表示一种现代化的管理过程。信息化这个词最早是 20 世纪 60 年代由日本学者梅棹忠夫提出来的，20 世纪 70 年代的时候传播到欧美国家。我国在 1997 年 4 月于深圳市召开了第一届全国信息化工作会议，开始了社会信息化工作的进程，并且在电子政务信息化方面陆续实施了“两网一站四库十二金工程”。[1]

信息化的前提是数字化，数字化就是将现实世界中的事物映射到 0、1 的二进制编码数据，并通过可视化终端来呈现，信息化管理是通过操作数据来达到管理现实事物的过程。上面这个说法可能感觉还是比较费解，举一个例子：在没有电脑游戏的时候，我们下象棋一般是找一张桌、摆上棋盘，拿着木质的棋子来玩。有了计算机技术之后，我们可以把下象棋的规则，如“马走日、象走田”这些游戏规则进行逻辑编码，将现实的棋盘、棋子通过图像技术制作成虚拟的棋盘和棋子，最后玩家可以通过用鼠标来下象棋。这个过程，就是将现实的下象棋进行了数字化处理。如果是经营一家棋牌室，原来是玩家们在牌桌上游戏，通过将游戏数字化，以后玩家们可以通过触摸式大屏幕来玩游戏，甚至可以通过手机来开战，经营棋牌室可以通过一套系统去管理玩家和收费，那么棋牌室就完成了信息化的过程。

当然，以上仅是一个简单的小例子，而企业的信息化管理是将现代信息技术与先进的管理理念相融合，简单说就是将管理理念、方法等融入具体的系统、平台中去，通过操作管理系统或平台达到管理的目的。通过信息化工作可以转变企业的生产方式、经营方式、业务流程、传统管理方式和组织方式等，重新整合企业内外部资源，提高企业效率和效益、增强企业竞争力。具体而言，为实现企业专利的信息化管理，应在企业专利管理业务中引入一套信息化管理软件，该软件系统会对专利业务的管理提供极大的便利，这就是人们常说的“工欲善其事必先利其器”。

了解了专利信息化管理，再来认识一下“专利信息”。我们经常会听到“专利信息”这个词，如专利信息检索，专利信息分析、专利信息管理等。那什么是专利信息？什么是专利数据？我们在专利管理范畴内看一下。

首先来看一下信息的概念，对信息的理解，目前分为“本体论”和“认识论”两种学说，本体论认为信息就是事物的运动状态和变化方式，是客观的，如一朵盛开的花，包含的信息就是这朵花的全部，包括颜色、瓣数、花朵

---

[1] 中国电子政务网 . 我国电子政务工程的“两网一站四库十二金工程”[EB/OL].（2014-08-04）. http://www.forestry.gou.cn/pavtal/xxbls12519/content-694396.html.

的直径、盛开度等，这些构成了这朵花全部的信息，不论什么人看到都是不变的；认识论认为信息是事物接收者对事物的运动状态及变化方式所能感受到的内容，如上面说的一朵盛开的花，路人甲看到的花很红、路人乙看到的花是一般红，路人丙是个红绿色盲，看到的可能是一朵灰色的花，这就是人们常说的"各花入各眼"，原因是每个人的知识背景不同、观察角度不同，接收的内容也就不同，这些接收到的内容反映在大脑中就是认识论认为的信息。相比于本体论中的信息，认识论中的信息是不真实的，是片面的，需要全面观察、深入研究才能更多的获取更多的本体论中的"信息"。可以这样理解，本体论中的"信息"是全部，认识论中的信息是"部分"，本体论中的信息内容是唯一的，认识论中的信息内容是千差万别的。

从认识论角度出发，我们看到一篇专利文献，通过眼睛阅读文字和其中的图表，文字和图表进入大脑，然后基于我们的知识背景有一个理解的过程，最终有一个理解后的"输出"，获知了专利文献中的各类事物，如申请人是谁，技术方案中技术特征有哪些，技术效果如何等。这里的"输出"由于受不同人的知识背景限制，会有所不同，就像一件古董赝品，不同水平的专家会给出不同的结论。在这个过程中，为大脑输入的"专利文献"就是"数据"，经过大脑理解分析得出的"输出"就是"信息"，信息会引导我们进行下一步的行为。信息是存在于我们大脑中的，植入一个载体后，又成为接收者输入的数据。比如专利分析师 A 分析专利文献，专利文献对于 A 是一份数据，经过 A 分析后等到的信息用文字记录在了纸上，成为 A 的信息表达，同时也是其他人阅读的数据，如图 2-1 所示。

图 2-1　数据与信息

2.2.2 信息化管理要求

上面介绍了信息化、信息与数据的相关内容，使读者对信息化管理有了一个清晰的认识。那么，在专利管理中如何对一项业务理解得更准确，更好地指导下一步工作，总结起来需要从以下三个方面入手。

1. 保持活动有序

人们在车站窗口购买车票的时候，如果不排队，大家一起挤，时间会浪费在争抢的过程中，因为这是一种无序的状态，而排队是一种有序的状态，所以排队对整个售票来说是效率最高的。在信息系统中，对流程的控制非常重要，也就是将管理活动有序化，如各类工作流程的审批需要合理设置，这样才能提高工作效率和质量。

2. 输入的内容更全面

信息记录为数据时必须全面，“只言片语”得到的分析结果只能是“断章取义”。为了防止“盲人摸象”的情况发生，需要增加数据采集的维度和细化颗粒度。例如，在竞争对手的数据记录中，尽可能多地记录竞争对手的专利数据、发表的论文数据、市场调研得到的产品数据、商业活动数据等，这样对于全面分析、洞察竞争对手现在的状态和未来发展趋势是很有用。

3. 分析的力量更强大

计算机处理的一个显著优势就是计算速度快，要想在大量数据中快速得到需要的内容，就需要建立更多、更准确的分析模型，这样才能更加准确、快速地得出数据中所蕴含的准确内容，对于专利管理人员而言就需要不断学习，增加知识储备，不断实践，积累经验，才能更好、更准地理解专利业务的本质。

基于此，在企业专利管理中，在信息化系统的功能上一般会要求：规则严、记录全、分析强、速度快。在现代化的企业管理中，信息种类越来越多，信息量也越来越大，需要采用信息化的手段去采集、处理、存储和可视化呈现信息。采用信息化手段可以使信息采集得更及时、记录得更全面、处理得更快速和使用更方便。

专利管理中涉及的信息包括内部信息和外部信息。内部信息主要包括用户信息、组织信息、产品信息、流程审批信息、创意信息、申请信息、专利权信息、提醒信息、缴费信息等。外部信息主要包括政策信息、行业信息、竞争对手信息等。

采用信息化软件的管理方式，在国家标准《企业知识产权管理规范 GB/T29490-2013》中有多处明确的要求，例如，在标准的“6.2 基础设施”条款中要求：“a）软硬件设备，如知识产权管理软件、数据库、计算机和网络设施等”，以及“6.4 信息资源”d）条款中要求：“有条件的企业可建立知识产权信息数据库，并有效维护和及时更新。”以上两处是整个标准中明确提出的信息化管理要求，但考虑到实施标准的企业知识产权发展程度差异、资源配置力量差异，所以，没有做统一要求，而是作为一个可选项。但从知识产权管理的实际出发，标准中提到的知识产权管理软件、数据库等信息化手段是十分必要的，应用信息化手段除了可以高效处理更大量的信息，还可以快速地处理和展现数据之间的内在联系并及时推送信息等。

此外，标准中除了以上明确提到的信息化管理要求，在不同章节也隐含的提出了要求。如“4.2.2 文件控制”中“a）发布前经过审核和批准，修订后再发布前重新审核和批准”。如果采用纸件的“审核和批准”活动，则无法实时跟踪审批状态，有时无法同时送达会签人会签，无法保证审批结论表述的一致性，以及无法做到及时提醒审批人等；如果采用工作流技术控制，可以很好地解决这一问题。这就是标准中对于信息化管理的隐含需求，没有明确说明采用信息化手段去做，但是如果采用信息化手段可以更好地达到标准中要求的效果。

2020年2月，国资委和国家知识产权局联合印发了《关于推进中央企业知识产权工作高质量发展的指导意见》的文件，该文件主要针对国资委管理的97家中央企业的知识产权工作做出了部署，其中第十九条明确提出：提高知识产权管理信息化水平。搭建信息化管理平台，实现知识产权业务流程化和规范化。建立专业化数据库，加大信息集成力度，提高综合研判能力。建立竞争情报分析和信息共享机制，支撑经营决策、技术研发和市场开拓。[1]事实证明，在企业中建设专利管理信息化平台已经成为一种必然的选择。

在互联网 +、大数据、人工智能技术高速发展的今天，企业专利的管理不能脱离信息化的系统或平台来辅助管理，否则就会落后于时代，给企业专利管理工作带来诸多不便。

2.2.3 信息化管理框架

通过大量的专利信息化管理系统的项目实施和经验总结，我们发现在实际管理中一般遵循“分段、多源、评审，快速、易读、安全”的管理框架，如图 2-2 所示，可以很好地提高专利管理的工作效率和工作质量。

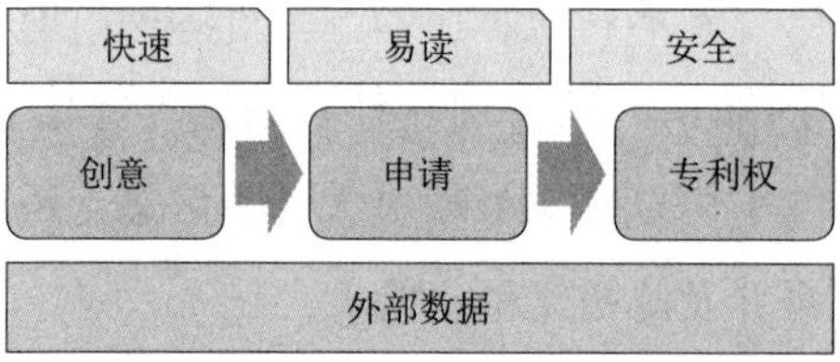

图 2-2 专利信息化管理框架

1. 分段管理

一件专利权从产生到消失有一个过程，这个过程常常被称为专利的全生命周期，对专利的全生命周期进行管理，尽可能地按照企业内部决策期、官方申请期、维护运用期等 3 个阶段来分段管理，就是将专利在创意的挖掘阶段、专利权的申请阶段、专利权的维持和运营阶段分段管理。分段管理的优点主要有两个方面。

---

[1] 国务院国有资产监督管理委员会、国家知识产权局．国资委 国家知识产权局关于印发《关于推进中央企业知识产权工作高质量发展的指导意见》的通知 [EB/OL].（2020-03-19）. http://www.sasac.gov.cn/n2588035/c14096120/content.html.

一是逻辑清晰，在专利挖掘的阶段或者说创意阶段只管理本阶段的事务，因为不是所有的创意都可以申请专利，有的创意价值度低，有可能被舍弃。同理，不是所有的专利申请都能获得专利权，有的申请可能被驳回，有的申请可能被告知没有授权前景而被视为撤回，而有的申请根本就不会发起实质性审查，只有被授权的申请才是受到保护的技术方案，才是正式的专利权，才能成为企业的一份无形资产。所以，需要一个阶段管理一个阶段的信息，不能所有阶段的信息都在一个模块进行管理，这样会导致信息混乱，逻辑不清晰。

二是方便分配管理权限，在利用信息化软件进行管理时，信息被梳理得越有条理，切割得越细，在分配用户的数据权限时越细致和准确。如某个用户只能被允许浏览授权后的相关数据，在创意阶段和申请阶段的数据不允许看到，这时如果所有的数据都记录在一条记录中，则不容易区分数据操作权限。

当然，分段管理也有一定的弊端，主要是数据冗余。为了保持各个阶段信息的关联性，不同阶段数据的某些字段必然会有重复记录的情况，如“申请号”这个信息既会被记录在申请阶段的记录中，又会被记录在专利权维持阶段的记录中。

2. 多源管理

多源管理就是管理的数据会有多个来源，一般有内部数据源、外部数据源，再进行细分可以分为本企业数据源、代理机构数据源、官方数据源、其他数据源等，这些数据往往是异构数据，有 xml 格式、文本文件、音视频文件、数据库文件等。因此，对这些多源异构数据进行很好的关联和管理是一件重要的工作。

本企业数据源主要是企业内部产生的数据，技术交底书、各类审批过程数据、专利管理办法、缴费数据等。

代理机构数据源就是代理机构提供的数据，包括撰写好的申请文件、答复意见、缴费账单等。

官方数据源主要是国家知识产权局、法院等机构的数据，包括专利文献、无效决定、法院裁判文书等。其中，专利文献作为一类非常重要的官方数据，主要包括在专利申请过程中国家知识产权局官方公布的专利公开文本、授权文本、更正文本、法律事务文件等文档。专利文献中的专利说明书数据比较重要。专利说明书是申请人提交申请以后各国专利局按照一定版式出版公开的法律文件。发明专利包括公开文本和授权文本，实用新型和外观设计一般只有授权文本。这些专利说明书日积月累，构成了海量的技术、法律文档库，成为技术查新、审查检索、无效检索等主要的数据来源。下面了解一下专利说明书的文档结构，对于看懂专利说明书上的内容非常重要。

以我国发明专利说明书为例，专利说明书一般由著录项目、摘要和摘要附图、权利要求书、说明书、说明书附图 5 个部分组成，通常称为“专利五书”。

著录项目包括受理局、发明名称、分类号、申请人、申请日等属性信息，这些信息为后续的各类检索提供了数据支撑。每一条著录项目前面小括号和里面的数字称为“INID 码”，即 Internationally Agreed Numbers for the Identification of Bibliographic Data 的缩写，代码由圆圈或括号中的两位阿拉伯数字表示。INID 码是由世界知识产权组织制定的，包含在一套知识产权国际标准中，标准代号为 ST.9（https://www.wipo.int/standards/en/part_03_standards.html），标准名称为 *Standard ST.9: Bibliographic data on and relating to patents and SPCs*，在标准中详细规定了这些代码的含义和使用规则。

WIPO 标准的列表截图如图 2-3 所示。

Standards of a general nature, common to information and documentation ↑

- Standard ST.2: Manner for designating calendar dates (May 1997) PDF
- Standard ST.3: Two-letter codes for the representation of states, other entities and organizations (September 2019) PDF
- Standard ST.13: Numbering of applications for IPRs (February 2008) PDF
- Standard ST.96: Processing of Intellectual Property information using XML (June 2020) PDF | Annexes

Standards relating to patent information and documentation ↑

- Standard ST.1: Minimum data elements required to uniquely identify a patent document (May 2001) PDF
- Standard ST.6: Numbering of published patent documents (December 2002) PDF
- Standard ST.8: IPC symbols on machine-readable records (March 2011) PDF
- Standard ST.9: Bibliographic data on and relating to patents and SPCs (June 2013) PDF
- Standard ST.10: Published patent documents (November 1997) PDF
- Standard ST.10/A: Format of patent documents (April 1994) PDF
- Standard ST.10/B: Layout of bibliographic data components (December 2008) PDF
- Standard ST.10/C: Presentation of bibliographic data components (August 2017) PDF
- Standard ST.10/D: Physical characteristics of patent documents (October 2016) PDF

图 2-3　世界知识产权组织标准

ST.9 的具体内容截图如图 2-4 所示。

WIPO
WORLD
INTELLECTUAL PROPERTY
ORGANIZATION

HANDBOOK ON INDUSTRIAL PROPERTY
INFORMATION AND DOCUMENTATION

Ref.: Standards – ST.9 page: 3.9.4

APPENDIX 1

INID CODES AND MINIMUM REQUIREMENTS FOR THE IDENTIFICATION
OF BIBLIOGRAPHIC DATA ELEMENTS

(10) Identification of the patent, SPC or patent document

- * (11) Number of the patent, SPC or patent document
- * (12) Plain language designation of the kind of document
- * (13) Kind-of-document code according to WIPO Standard ST.16
- (15) Patent correction information
- ** (19) WIPO Standard ST.3 code, or other identification, of the office or organization publishing the document

图 2-4 ST.9 标准

以我国现行的专利说明书扉页为例，扉页中包含大量的著录项目信息，如（22）申请日、（71）申请人、（21）申请号、（10）公开号、（54）发明名称等，如图 2-5 所示。

(19)中华人民共和国国家知识产权局

(12)发明专利申请

(10)申请公布号 CN 1106[redacted] A
(43)申请公布日 2019.12.27

(21)申请号 201910[redacted]
(22)申请日 2019.09.18
(71)申请人 [redacted]
地址 [redacted]
(72)发明人 [redacted]
(51)Int.Cl.
F16H 3/70(2006.01)
F16D 25/0638(2006.01)

图 2-5 中国专利说明书扉页

根据 WIPO 标准 ST.9 的规定，在每一个著录项目数据之前都有一个带括号的两位数字，这些数字称为 INID 码，掌握 INID 码的含义有一定的用途，如遇到陌生语种的专利，可以快速根据 INID 码找到相应的信息。

图 2-5 中的二维码是专利公开的网络地址，用手机扫描可以直接访问该专利公报的内容。当然，WIPO 对于专利文献的标准还有很多，具体可以查看 WIPO 网站中标准版块中的内容。

摘要是对这篇专利所属领域、发明内容、技术效果等的简要概括，可从说明书附图中选择一张图片作为摘要附图，如图 2-6 所示。设置这个摘要的内容主要是为了后续检索使用，因为摘要浓缩了这件专利的所有重要信息点，便于检索。

(57) 摘要

本发明公开一种可摩擦充电的手机，包括手机屏幕和手机壳体，所述手机壳体采用复合导电材质制成；所述手机壳体内壁设有摩擦发电机组和温差发电机组；所述摩擦发电机组的输出端电性连接有第一蓄电池；所述温差发电机组的输出端电性连接有第二蓄电池；所述第一蓄电池和所述第二蓄电池均与所述手机锂电池组电性连接。本发明的有益效果：本发明利用摩擦起电效应和静电感应效应的耦合把微小的机械能转换为电能，可以用来收集生活中原本浪费掉的各种形式的机械能，摩擦发电机通过手、衣物等接触摩擦产生电能，温差发电器用于收集手机在使用过程中人手、衣物与手机之间的摩擦产生的热能，并将收集的热能转化为电能，从而为手机供电。

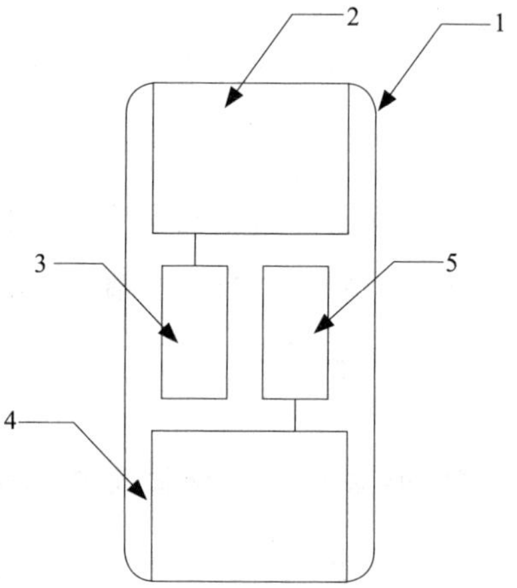

图 2-6　摘要

权利要求书就是专利申请的保护范围描述，当然在发明专利的公开文本中这是申请人希望保护的内容，在授权文本中才是专利授权后真正的保护范围。

权利要求书用数字进行编号，如图 2-7 所示，分为独立权利要求和从属权利要求。独立权利要求一般保护范围较大，技术特征的限定较少。从属权利要求是在引用某个独立权利要求或从属权利要求的前提下，增加了技术特征，对其引用的权利要求做了进一步的限定而延伸的权利要求，从属权利要求保护的范围相对较小。如独立权利要求中保护的是螺母，从属权利要求可以限定螺母的直径范围，以此作为从属权利要求。从独立权利要求到各个从属权利要求，在保护范围上讲，一般是倒三角的形状，保护范围越来越小，技术方案越来越具体。

权 利 要 求 书 1/3 页

1. 一种变速器，包括齿轮传动系统、传动切换系统；所述齿轮传动系统是双轴二挡齿轮传动或周转轮系齿轮传动；其特征是：所述传动切换系统是双向多片式摩擦离合器通过正，向动作装置与操纵装置配合实现变挡或双向多片式摩擦离合器通过弹簧与液压装置配合实现变挡；

所述双向多片式摩擦离合器的外摩擦片包括有簧外摩擦片和无簧外摩擦片，有簧外摩擦片与无簧外摩擦片配合装配，内摩擦片包括有簧内摩擦片和无簧内摩擦片，有簧内摩擦片与无簧内摩擦片配合装配，有簧外摩擦片包括单向簧片外摩擦片和双向簧片外摩擦片，有簧内摩擦片包括单向簧片内摩擦片和双向簧片内摩擦片；

所述双向多片式摩擦离合器通过弹簧与液压装置配合实现变挡，套座外圆与一挡离合器的内摩擦片装配，一挡离合器的外摩擦片装配在机壳上，弹簧装配在套座左边的弹簧腔里，弹簧的右端与双向压盘配合，液压装置的环形油缸与机壳配合装配，液压装置的环形活塞装配的圆筒左端面与双向压盘的外环盘右端面配合，双向压盘的内环盘与外环盘之间是

图 2-7 权利要求书

说明书部分（图 2-8）是权利要求书内容的来源和支撑。权利要求书的内容是从说明书的内容中概括总结得到的，所以权利要求书中的内容一定要来源于说明书，所有技术方案、技术特征都要得到说明书的支持，否则权利要求书将不会被审查员认定有效，因为不具备专利法第 26 条第 4 款“权利要求书应当以说明书为依据，清楚、简要地限定要求专利保护的范围”的规定，专利申请也将无法被授权。

说明书部分一般分为技术领域、背景技术、发明内容、附图说明、具体实施方式 5 个部分。技术领域描述本发明属于哪个领域。背景技术介绍在该领域当前的技术现状如何，最新的技术存在哪些问题，以此为介绍发明内容做铺垫。发明内容就是本专利的具体技术方案的描述，如配方的组成、工艺的设计等。附图说明是对“说明书附图”部分的解释性描述。具体实施方式也称为“实

施例”，是技术方案中比较典型的方案介绍，权利要求书中技术方案的描述可能会比较抽象，在实施例中将会用具体的步骤、组分、数值等介绍技术方案，以便更好地理解技术方案。说明书部分要介绍得清楚，如果不清楚将不符合专利法第26条第3款的规定，即“说明书应当对发明或实用新型作出清楚、完整的说明，以所属领域的技术人员能够实现为准”，也就是说明书公开不充分，这样专利申请也将得不到授权。

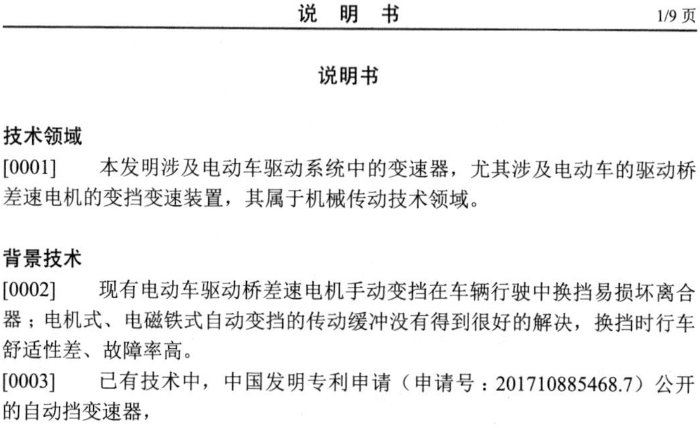
说　明　书　　1/9 页

说明书

技术领域

[0001]　本发明涉及电动车驱动系统中的变速器，尤其涉及电动车的驱动桥差速电机的变挡变速装置，其属于机械传动技术领域。

背景技术

[0002]　现有电动车驱动桥差速电机手动变挡在车辆行驶中换挡易损坏离合器；电机式、电磁铁式自动变挡的传动缓冲没有得到很好的解决，换挡时行车舒适性差、故障率高。

[0003]　已有技术中，中国发明专利申请（申请号：201710885468.7）公开的自动挡变速器，

图 2-8　说明书

“图”被称为工程师的语言，说明书附图是对说明书中文字内容的补充，避免用文字难以解释清楚，引起歧义，尤其是一些结构性的内容，采用“图文并茂”的方式加以说明所传递的信息量会更大，使阅读者能简洁明了、直观地理解该发明的内容，说明书附图示例如图 2-9 所示。

官方数据源中还有一类数据是通知书数据，是国家知识产权局向申请人或专利权人发出的用于通知办理某些事务的官文。

其他数据主要是与专利管理信息化系统关联的其他系统中通过接口方式传递过来的数据，如项目管理系统中的项目信息数据、产品管理系统中的产品信息数据等。此外，还有通过自动采集的竞争对手互联网中的数据等。

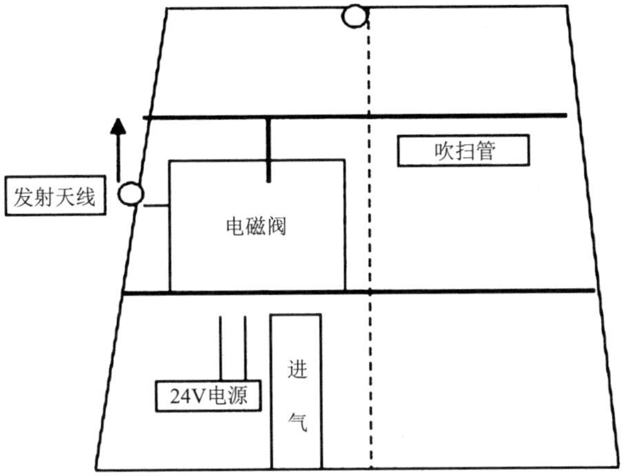

图 2-9　说明书附图

3. 及时评审

评审是系统中的各项评审流程。在专利管理中，会有很多的流程评审事项，比如创意评审、申请文件撰写评审、答复意见评审、缴纳年费评审等，这些流程需要企业内部进行业务梳理、流程再造，然后再固化到信息化系统中去实施、执行。

信息化系统中流程设计包括表单设计和步骤流转设计。表单设计简单说就是评审流程中涉及哪些字段，如创意审批流程中是否记录提交人的部门、提交时间是否需要精确到分秒等，这些都是表单中需要考虑的事情。步骤流转设计包括经办人设置、经办人权限设置等，某个节点由哪个用户或哪个角色的用户来执行，执行的用户在此节点上允许操作哪些数据，这些都应该仔细考虑。

各条流程设计完就可以串起工作流水线，可以使管理工作有条不紊。

4. 快速处理

企业专利管理中对信息的采集、处理和传递等都有很高的时效性要求。

首先，信息采集要快，如对竞争对手的专利监控要快，与官方发布专利数据同步更新比滞后更新具备时间优势。官方通知书如果可以直接通过数据接口实时获取数据则要快于从代理机构转交给企业，这些都需要采用一些信息技术手段快速获取信息。

其次，信息传递要快。信息传递的方式有很多种，如系统内部消息、互联网邮件、短信、微信等。不同类别的信息可以选择不同的传递方式，对于时效性要求高的事项，应该优先传递并采用接收效率最高的方式，如专利年费缴纳提醒，最好选择“手机短信＋邮件”的方式通知给相关人员，防止缴费时间过期导致专利权终止。

5. 数据易读

信息的呈现方式很多，如文字、图片、图文混排、声音、视频等，为了让信息接收者更快、更准、更全面地理解信息，不同的信息内容应该采用适合的信息呈现方式。如技术交底书内容，研发人员作为技术发明者很清楚技术方案的原理和内容，但为了让专利管理工程师或专利代理师更好地理解该方案，除了图文的文档之外，最好再配上一段说明视频或实验、施工视频，这样传递的信息更丰富，阅读者更容易理解。此外针对分析类的信息，一味地采用表格的方式会显得很枯燥，加上可视化的图表或动态图表，对阅读者来说就会很生动，枯燥的数字转换成了赏心悦目的图形，信息传递会更直观，理解起来更容易。

6. 数据安全

采用信息化管理的方式，数据一般存储在硬盘等存储设备中，处理过程中的数据暂时存储在内存中，一旦发生断电或设备损坏的情况，就会有数据丢失或系统无法使用的风险。此外，对于系统被入侵、数据被盗用等也要加以防范，保证信息化系统的安全。针对数据安全问题主要是从用户权限控制、多个登录验证手段并用、访问白名单、访问黑名单、数据备份、系统容灾等方面去防范风险的发生。如果风险一旦发生，要有风险控制手段，将已经发生的风险带来的损失降到最低，如存储设备发生故障，如果数据备份采用秒级同步和良好的容灾设计，则可以实现快速恢复系统，数据几乎零丢失。

总之，在当今互联网时代，利用互联网 +、大数据、人工智能等信息技术手段，对信息及时、全面、高效处理是做好专利管理工作的基本条件之一，也是做好专利管理的基本原则之一。

2.3 专利管理中的数据

专利管理中常见的数据类型包括结构化数据和非结构化数据。所谓的结构化数据就是行数据，可以存储在二维表格中的一行一行的数据，一个维度是字段名，另一个维度是字段名对应的“值”。如一条专利申请记录，包括“申请号、发明名称、主分类号”几个字段名，“CN201880066282.1、一种无人机的安全降落方法、G05D1/10（2006.01）”这些是字段名对应的值。非结构化数据就是没有结构的数据，即没有拆分出字段名和字段值的数据，如各种 word 文件、pdf 文件、图像文件、声音文件、视频文件等这些作为一个整体来管理时即为非结构化数据。

下面我们先来看一下结构化数据。

2.3.1 结构化数据

结构化数据一般存储在关系型数据库中，如 Oracle 数据库、MySQL 数据库、Access 数据库等，如图 2-10 所示。

申请号	名称	主分类号	公开（公告）日	公开（公告）号
CN2020103	大数据加密方法、装置、服务器及可读存储介质	G06F21/60(2013.01)	2020.08.07	CN1115
CN2019111	一种基于大数据的风险预测预防系统	G06Q30/02(2012.01)	2020.02.14	CN1107
CN2019108	一种商业大数据分析系统	G06Q30/02(2012.01)	2019.12.03	CN1105
CN2018104	一种大数据文件自适应单向传输方法及装置	H04L12/26(2006.01)	2018.11.16	CN1088
CN2017109	家用设备报告的生成方法、大数据系统和存储介质	G06F17/30(2006.01)	2017.12.26	CN1075
CN2017106	大数据平台系统及其运行方法	G06F17/30(2006.01)	2017.12.01	CN1074
CN2016106	一种大数据使用权交易系统与方法	G06Q30/06(2012.01)	2017.01.04	CN1062
CN2016105	大数据平台系统及其运行方法	H04L29/08(2006.01)	2016.09.07	CN1059
CN2016102	一种基于网络安全的大数据实施系统及方法	H04L29/06(2006.01)	2016.08.17	CN1058
CN2015108	一种实现税务舆情分析和全文检索的大数据平台	G06F17/30(2006.01)	2016.04.06	CN1054

图 2-10　结构化数据

结构化数据除了存储在关系型数据库中，还可以存储在 XML 文件中。在中国专利电子申请客户端（CPC 客户端）申请过专利的读者对 XML 文件可能不陌生，因为在 CPC 客户端申请专利时有两种提交申请文件的格式，一种是 pdf 格式文档，另一种就是 XML 格式文档。

XML 文件全称是“可扩展标记语言”（Extensible Markup Language，XML）。XML 文件与数据库存储数据的差别在于数据库是采用二维表的格式存储数据，但 XML 文件是采用“树形”的“节点”和“属性”方式存储数据，如图 2-11 所示的 XML 数据存储片段。

```
<?xml version="1.0"?>
<!DOCTYPE cn-patent-document SYSTEM "dtd/cn-patent-document-06-10-27.dtd">
<?xml-stylesheet type="text/xsl" href="xsl/XSL0117new.xsl"?>
<?trs-parser SegmentMark="paragraph" NewLineMark="br" HitShowMark="TRSHL" FilterCData="yes"?>
<cn-patent-document lang="ZH" country="CN"><application-body lang="CN" country="CN">
<claims>
<claim id="cl0001" num="0001">
  <claim-text>1.一种大数据加密方法，其特征在于，应用于服务器，所述方法包括：<br />
    </claim-text><claim-text>获取所述大数据服务终端在预设业务访问区间内的大数据访问信息，并对所述大数据<br />
访问信息进行离散化处理得到所述大数据访问信息在所述预设业务访问区间内的连续的<br />
大数据访问节点序列，所述大数据访问节点序列包括多个连续的大数据访问节点，每个大<br />
数据访问节点配置有大数据访问业务类型，所述大数据访问业务类型用于实例化参数化之<br />
后的大数据加密脚本；<br /
```

图 2-11　XML 数据

如图 2-11 这个专利数据的 XML 文件所示，XML 的节点用一对尖括号括起来，尖括号内部包括节点名称和属性、属性值。如 <claim id="cl0001" num="0001"> 表示节点名称为 claim，包括两个属性，第一个是属性 id，值是 cl0001，第二个属性是 num，值是 0001，意思是这个节点是权利要求书节点，且该节点是权利要求书的第一项，即独立权利要求。

XML 文件更大的用途是用来数据交换，如在数据库中提取出部分数据进行数据传递，可以用 XML 文件的方式将数据库中的数据写入 XML 文件，通过磁盘拷贝或网络传递给对方。如各国专利局之间进行专利数据的交换或专利数据加工后的成品数据提交，一般都使用 XML 格式文件。如果对 XML 文件的更多知识感兴趣，可以从下面这个地址阅读更多相关内容，即 https://www.w3school.com.cn/xml/xml_intro.asp。

2.3.2 非结构化数据

专利管理中常用的非结构化数据是 word 文件、pdf 文件、图形文件等。如技术交底书的 word 文档、提交的 pdf 版申请文件、国家知识产权局发出的电子版通知书中的图片文件等。

对于结构化数据可以采用各种字段名作为查询条件进行查询，如查找一件专利，可以用申请号、公开号、发明名称等字段名进行查询，但对于非结构化数据一般只能通过文件名称或人工标引的字段内容进行检索。

以上就是专利管理中常用的数据相关内容介绍。

本章主要介绍了在企业中做专利管理工作的“章和法”，即《企业知识产权管理规范（GB/T29490-2013）》这一国家标准，并介绍了企业中根据管理特色和风格形成的“企业专利管理办法”的主要内容。尤其是在“章和法”框架内，重点介绍了为什么要采用信息化手段进行专利管理，以及做信息化管理的基本要求和管理框架。

第3章

基础信息管理

3.1 用户管理

企业专利管理信息化系统中涉及用户的管理包括自然人和法人两类。自然人主要包括发明人、专利工程师、专利代理师、企业专家、各级领导、系统管理员等用户，这些用户是系统主要服务的对象。法人主要包括企业自身、企业所属子公司、代理机构、合作机构等。这些用户或对象来自哪里？如何分类？每一类用户都有什么功能需求？每一类用户都有哪些数据操作范围的限定？这些问题是建设专利信息化管理系统需要回答的重要问题。所以，应理顺关于用户的信息，并为后续流程设计和用户管理打下基础。

3.1.1 用户管理

1. 基础信息管理

用户管理中首要进行管理的是用户基本信息，包括账号、密码、姓名、性别、出生日期、工号、身份证号、手机号、邮箱地址等，此外还应该包括归属信息，即所属公司、所属部门等。目前，绝大部分企业都已经建设了 OA 系统，企业内部的用户信息可以通过接口方式从 OA 系统中实时同步，这样可以使专利管理系统中企业内部的用户基础信息始终与 OA 用户保持一致，对用户的新增、删除、修改等操作由 OA 系统完成，也减少了专利管理系统中对用户信息的维护工作。

此外，需要对用户进行分角色管理。划定每一类角色用户的范围，如发明人角色，就是参与技术创新和提交技术交底书的用户。专利代理师角色是外部聘请的为本公司进行专利申请等事务服务的用户。专利工程师角色一般为知识产权管理部门或各个创新部门专门负责专利挖掘的用户。专家角色是企业内部各方面的专家，如技术类专家、知识产权类专家等，专家的分类管理可以方便地应用在对创意质量评审等环节。各级负责人这一角色为需要做出决策的用户。每个角色都有特定的权限，权限包括功能权限和数据权限，一般按照基于角色的访问控制模型（Role-Based Access Control，RBAC），相同角色的用户会赋予相同的操作权限。

2. 用户权限管理

用户权限包括功能权限和数据权限两部分，不同角色的用户要严格区分权限，防止功能或数据被滥用。

功能权限是指系统中的哪些功能允许用户使用，哪些功能不允许使用，如证书下载的权限属于一个功能权限，数据列表的排序功能也属于一个功能权限。数据权限是对数据操作的允许范围，如上面说的证书下载功能，哪些专利的证书允许这一用户下载，哪些证书不允许下载，这需要在数据权限中去定义。总的来说，就是对于某类用户，哪些功能允许使用，哪些数据允许操作，都有规定，这样可以保证系统的操作安全和数据安全。

在企业专利信息化管理中，一定要防止数据泄露，尤其是内部泄露，因为内部泄密是企业数据泄露的根源之一，内部员工有意或无意的不当行为，成为数据泄露的关键原因。在企业中由于管理不当，导致数据泄密的事情时有发生，由此导致个人与企业之间的诉讼也从未间断。如前所述，内部信息的泄露风险更多地聚焦于人为因素，而高权限用户则是信息泄露的高发人群。企业里很多拥有较高级系统访问权限的用户，有数据导出等权限，这是泄露数据的前提条件。例如，某省破获的一起特大贩卖公民个人信息案件中，涉及 5 万多条用户信息被泄露，其中，某银行员工在该案件中起重要作用，把用户的身份信息，电话号码，余额，甚至交易记录，售卖给下家，进行非法牟利，再由下家利用客户信息进行各种诈骗，从事一系列非法行为，这就是一起典型的内部人员泄露数据的例子。

企业专利管理系统中有许多重要的数据，如发明人提交的创意数据，由于尚未申请专利，一旦泄露，尤其是被竞争对手掌握，就会给企业带来损失。为了防患数据泄密的未然，可以从以下三个方面入手：

第一，设计和验证用户权限。首先要设计好各类角色的权限范围，在系统中明确设定该类用户有哪些功能权限和数据权限，防止员工越权使用非自己权限内的系统功能及查看授权以外的数据、文档等资料。

第二，加强系统日志管理。对员工登录系统后的操作进行详细的日志记录和监控，发现敏感操作及时警告并拦截，防止越权操作进一步发生。同时，应制定积极的应对策略，如软硬件设施的不断更新，对应用服务器 Tomcat 版本进行及时升级等，降低由于基础软件漏洞带来的风险。

第三，强化对用户的培训。随着泄露事件越来越多，各类相关法律制度将变得更细致、更严格，企业专利管理部门要实时掌握政策变化，及时对员工进行培训，让员工提高法律意识，且培训要有一定的频度，时刻敲响警钟。

在企业中，一般情况下发明人只能查看与本人相关的数据记录，部门负责人可以查看本部门的数据。专利管理部门根据职责分工不同，有的 IPR 负责创意部分的数据管理，有的 IPR 负责申请数据的管理或者按业务板块进行分类管理。此外，对于高层领导，一般允许查看公司的全部数据，但没有编辑数据的权限。当然，每一个企业的管理方式和管理风格不同，在用户的权限授权方面会有所区别，需要具体企业具体分析。

3. 用户使用培训

在用户管理中，除了安全性考虑，还要注意用户对系统的使用障碍问题。企业建设信息化管理系统一定程度上是将原来的“线下”业务搬到了“线上”，必然会涉及业务流程的改变。举一个简单的例子，有的企业在系统使用之前，与代理机构采用“邮件 + 电话”的沟通方式。如撰写的申请文件，代理机构通过发送电子邮件的方式与企业专利管理人员互相通信。系统上线后，需要给代理机构人员开通账号，通过系统进行交互，所以代理机构用户必须登录企业的专利管理系统才能进行相关操作。与之前相比，线上改变了代理机构流程人员的工作模式，也许有时还会带来工作量的增加，所以应该与代理机构等相关用户进行积极的沟通，明确系统上线使用后的工作规范，防止系统上线了但用不起来的情况发生。

为了顺利推广和使用系统，需要对用户进行操作培训。信息化系统的使用效率与培训的质量有很大关系，从企业建设者的角度出发，企业出资建设了系统就希望系统能为企业的专利工作带来实际益处。从系统开发者出发，也会认为系统完美地实现了客户的需求，功能强大，会很好用。但是，有时由于培训没有做到位，实际用户对操作和流程不了解，系统就会变得“很难用”，甚至被搁置，导致专利管理系统这一信息化项目的失败。

3.1.2 法人管理

系统中的法人信息也就是机构的信息，主要包括内部机构和外部机构。

内部机构是本企业范围内的各级机构，一般包括集团公司、下属分（子）公司、三级公司等。

外部机构有合作单位、代理机构、竞争对手等。合作单位，就是与本企业有合作研发、合作申请、共同持有专利权的单位。代理机构，即为本企业提供专利代理服务的单位。竞争对手，就是与本企业有竞争关系的单位。

对于机构的管理，信息主要包括名称、别名、统一社会信用代码、地址、联系人、联系人电话、联系人邮箱、营业执照复印件等。这些信息在专利申请、权利转让、竞争对手技术监控等方面得到应用。如利用竞争对手的公司名称作为监控条件，每周定时推送该竞争对手新公开或新授权的专利数据。

3.2 产品和项目管理

企业中设立研发项目的目的一般是对已有产品或服务（以下统称为“产品”）进行改进或研发一款新产品，在研发设计或实施过程中会有一些技术上的突破，这些被突破的技术方案成为申请专利的创意来源。所以，管理专利之前要摸清楚产品信息和项目信息，对与专利管理紧密关联的信息进行管理。基于这一模式，需要将产品管理和项目管理单独作为一类基础信息管理进行介绍。

3.2.1 产品管理

1. 产品、项目与专利的关系

产品是一个企业的灵魂，是一个企业对外提供服务的核心载体，在竞争激烈的各行各业，企业要想在竞争中脱颖而出或立于优势地位，必须要用产品说话，通过研发新技术不断改进产品。

在技术研发的过程中会产生很多新的技术方案，也就是用了哪些技术手段，达到了什么技术效果，由此就产生了申请专利的源泉，即创意。创意来源于项目，一般是研发工程师对某个技术问题会有个大体的构思和初步方案，基本明确了用哪些技术手段解决这个技术问题，会带来一个什么样的预期效果，与现有技术相比其突出的优势在什么地方等，这个时候的技术方案称为“创意”或者叫“技术提案”。项目分为产品改进项目和新产品项目两类，产品改进项目就是对已有产品进行优化升级，新产品项目就是根据用户需求或技术启示设计一款全新产品。对产品而言产品改进项目是一个从 1 到 100 的过程，新产品项目是从 0 到 1 的过程，但对于技术研发过程来说本质上是一致的，都需要从设计到实验再到实施的过程来最终呈现。创意在申请专利授权之后，对使用该专利技术的产品会受到保护，保障产品销售的市场空间。所以，管理专利工作的开端，先要从本企业的产品入手，应了解产品的品类、技术特征、产品上应用了哪些专利技术等内容。这些内容也构造了一个以产品为主线的管理模块。

保护产品是专利工作的出发点和落脚点。专利的产生是与技术创新相伴而生的，从技术创新开始分两条线，一条线是“主线”，即创新线，从技术创新到实施应用，到产品销售，再到接收市场反馈后的技术创新的循环。另一条是“从线”，即专利线，从技术创新开始，到申请专利，再到专利授权，再到对产品销售给予保护，最后融入技术创新的循环中。这样，从技术创新到技术再创新形成一个带分支的严密闭环，往复循环，不断提高技术水平和市场收益，达到一个良性循环，即“创新—专利”，如图 3-1 所示。正是如此，“公开换取保护”和“保护下的实施再创新”也就成为专利制度现实的两大基石，保护是手段，实施与再创新是目的。

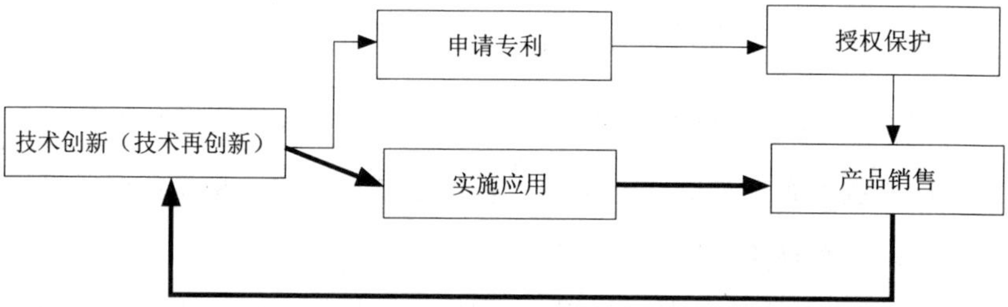

图 3-1 “创新—专利”循环

在“创新—专利”循环中，“技术创新”环节是主线和从线的出发点，投入大量资源研发新技术的目的就是要应用到产品中去，提高产品含金量和竞争力，为企业增加效益。“实施应用”是主线中的第二个环节，也是核心环节，起到“承上启下”的作用，如果专利技术得不到应用，那之前的研发工作就是资源的浪费，无法从产品中获得收益，后续的“产品销售”环节不会因为研发的投入而有相应的回报。所以，专利是否应用到产品中去，是企业产品能否获得竞争力提升的重要指标。

2. 产品、项目与技术的关系

了解了产品、项目、专利的关系，下面再来看一下产品、项目和技术的关系。

产品是企业对外提供服务的载体，如一款电视机，与产品有关的信息包括产品名称、产品编号、产品品类、产品型号、产品创立时间、产品图片、产品文档、产品负责人、产品价格等。“项目”这个概念很宽泛，简单说就是一个有明确目标的工作任务，时间可长可短，参与的人员可多可少。例如，为了改进电视机的信号转换问题成立了一个项目组进行攻关，计划 3 个月完成该任务，这就是一个具体项目。当然，项目的目的不仅是优化现有产品，还可以是研发新产品。项目相关的信息包括项目名称、项目编号、项目负责人、项目周期、项目文档、项目负责人等。在项目研发过程中，为了解决一些技术难题，会产出一些新的技术方案，这些方案包括新的方法、新的配方、新的材料、新的工艺、新的用途、新的结构、新的外观等，这就是所谓的技术。

由此可见，从相互关系上说技术来源于项目，项目服务于产品，技术可以应用到多款产品之上。

企业一般会建设专门用来管理产品、项目等信息的产品数据管理（Product Data Management，PDM）系统、产品生命周期管理（Product Lifecycle Management，PLM）系统、项目管理（Project Management，PM）系统等专业的信息化管理平台，产品和项目的详细信息都会在这些系统中进行集中管理。存在于这些系统中的产品、项目主要信息需要及时同步到专利管理部门的信息化系统中，需要同步的信息包括产品名称、编号、品类、型号、零部件、图形、照片、售价等，同时还要标注该产品的技术特征。这些信息对于下一步创意管理非常重要，因为管理中需要明确创意来源于哪个项目、对哪些产品会产生影响，对后续专利权的保护也至关重要。

有了这些信息，我们不仅可以在发起创意审批流程时关联产品或项目，还可以将历史的专利信息与产品做关联，包括已授权的专利和申请中的专利。例如，产品 A 包含 5 个零部件，基于产品整体和 5 个零部件的研发共授权 6 项发明专利，3 项发明专利在申请中，授权 4 项实用新型专利和 2 项外观设计专利。这样从产品的维度入手，我们就可以一目了然，每一款产品当前应用的专利技术，即产品受保护的情况，在商务谈判等业务中可以快速提交产品的专利布局情况。如表 3-1 所示的例子，在榨汁机产品上布局了发明、实用新型，还有外观设计专利，做到了从方法到结构，从功能到用途，从零件到整机，从内部到外观的全方位保护。

表 3-1　产品布局专利列表

申请号	专利名称	申请日	专利类型	状态	关联产品
CN20193009××××.×	榨汁机螺杆	2019/03/07	外观设计	有效	ZJA011
CN20182146××××.×	一种传动可靠的榨汁机	2018/09/07	实用新型	有效	ZJA011
CN20181096××××.×	一种立式螺杆挤压榨汁机	2015/03/18	发明	有效	ZJA011
CN20181096××××.×	一种进料快速的螺杆挤压榨汁机	2015/03/18	发明	有效	ZJA011

在同行业中，同类产品易发生专利侵权。如果在产品宣传、展会或市场中发现有类似产品时，需要提高警惕，可采用“全面覆盖原则”和“等同原则”分析竞品是否落入相关专利的保护范围，如果落入保护范围则应采取诉讼等法律程序或行政执法途径保护企业自身的权益。如一件专利的技术特征为：提供了一种方便拆卸的帐篷支架的端部固定装置，包括钩扣和固定件，所述钩扣通过连接系带缝制在帐篷上，所述固定件固定安装在帐篷支架的端部，所述固定件上设置有容纳钩扣的凹槽。该专利设计巧妙、实用性强，利用该专利所生产的专利产品结构简单、拆装方便。持有专利权的公司在网上发现有疑似侵权产品，则此时应及时分析疑似侵权产品的技术特征与本专利保护的技术方案是否相同或实质相同，如位于帐篷顶部的两处支撑部分的技术特征是否为本公司的技术方案，由此判断是否存证侵权嫌疑。这些工作需要建立在对本公司专利和产品详细梳理和分析基础上。

产品信息在企业专利管理中是一类基础性信息，与专利的挖掘、授权后的应用都有直接的关系，所以一般会将产品信息通过接口从专门管理产品的系统中将相关信息同步过来并进行单独管理。在管理维度上，重点从产品信息、关联的项目信息、关联的专利信息、关联的技术信息等方面进行综合管理。

3.2.2 项目管理

如前所述，与产品信息类似，项目信息也是一类重要的基础类信息。主要用于专利挖掘时清晰地知道技术方案来源于哪一个项目，以及在项目执行中专利申请的数量监控等。

由于企业所处行业、规模和性质不同，项目的信息也有所不同，但基本信息都包括项目名称、项目编号、项目来源、项目周期、项目负责人、项目组成员等。

企业对项目的管理一般也会通过单独的管理系统进行管理，而且不同类型的企业使用的项目管理系统也有所不同。例如，软件类企业常用的“禅道项目管理系统”，对项目的计划、执行、阶段性里程碑管理、项目汇总等各方面都有丰富和完善的功能，所以专利管理的系统需要与项目管理系统以接口方式对接，从项目管理系统中获取专利管理中需要的数据。

在项目管理中，还可以进行专利产出数量的监控，即项目立项之初可以设定项目结束时申请专利的数量，通过专利申请与项目管理的关联关系，实时监控申请的数据情况，以便做阶段性提醒，在需要统计数据时可以方便快捷地导出这些数据。

3.3 通用管理功能

企业专利管理系统中会划分很多模块，不同模块负责管理不同阶段的事务或信息，所以不同模块会有不同的功能，但这些模块上也会设计相同的功能，将这些相同的功能抽取出来作为系统的通用管理功能。例如，系统中各个模块数据的常规查询（预置项查询以及自由文本查询等）、批量导出、批量导入、在线阅读、列表显示字段的自定义调整、在线打印等，这些功能都是通用的，在系统规划和设计时需要统一考虑。

图 3-2 展示了专利管理模块中常用的数据查询项。

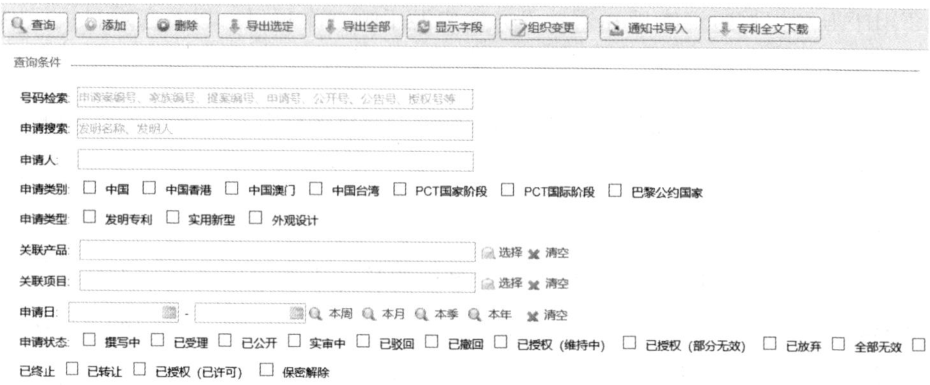

图 3-2　系统通用功能示例

以“列表显示字段的自定义调整”功能为例，由于每个用户的使用习惯不同，关注的数据字段也会有所偏好，所以应该为每一个数据列表的管理页面设置一项“显示字段”功能。如图 3-3 所示，为了满足不同用户设置个性化显示字段需求，将所有可以显示在列表中的字段提供给用户自由选择设定，而且系统应该具有记忆功能，就是说，当用户退出系统后，再次登录时，列表显示的字段应该保持与上次退出系统时一致。

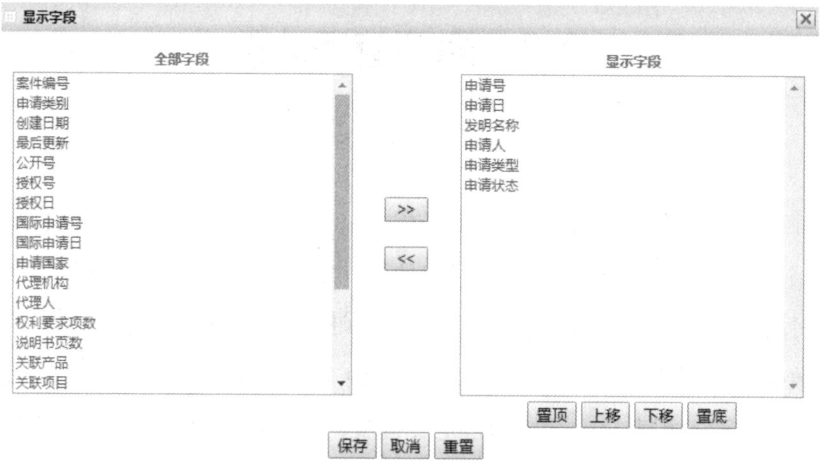

图 3-3　自定义显示列表字段示例

本章主要介绍了专利管理系统中几类基础性、通用性的管理业务和系统功能——用户相关的管理、产品和项目管理、通用管理功能；重点介绍了产品、项目、专利、技术的概念及其之间的相互关系，以及产品信息、项目信息应该如何管理。通过本章的阅读，通过层层铺垫，我们将读者引入信息化管理的大门，为后续介绍其他章节的内容打下基础。

第4章 流程审批管理

4.1 流程设计概述

4.1.1 流程控制的必要性

流程控制就是采用工作流的信息技术处理工作，本质上就是将线下的处理过程“搬到”线上，采用线上流转的方式处理任务，可以达到工作连贯、步骤清晰、时间可控、责任明确、结果可期的效果，从而提高工作效率和质量。工作中我们常用的流程控制如企业中普遍部署的OA系统中各种审批流程，常用的有合同审批流程、支出审批流程、请假流程等。流程控制功能本质上由两部分构成，即业务表单和流转节点。

做任何一件工作都会有时间要求，工作完成得越快、质量越高表示效率越高，做专利管理工作也是一样。如何提高专利管理工作的效率，是采用流程控制的出发点和落脚点，采用流程控制对某些工作来说可以起到事半功倍的效果，主要体现在以下四个方面。

1. 信息丰富

信息的载体有文字、图片、声音、视频等，按照承载的信息量来说视频最丰富，视频中不仅包括画面、声音，还包含文字。而单一地使用文字、图片或声音，容易导致信息丢失或失真，也容易导致信息记录不全或产生歧义。例如，一张图片中有一个动物的轮廓，如果没有文字标明是狗或猫，不同的人会有不同的理解。

所以，采用信息化手段进行线上流转任务比采用纸件流转能使信息更丰富，纸件表单一般只有图文信息，而线上表单可以传递文字、图片、音频、视频等。在技术交底书的评审过程中，发明人为了让本公司的专利工程师或专利代理师能更好地理解本发明，可以将技术应用的实验现场视频附在表单中，这样专利工程师或专利代理师就能对照文字和结构图更好地理解技术方案的工艺过程和发明点。在市场调查时，如果发现了疑似侵权产品，这个时候最好用视频、图片、文字描述的方式将这些信息收集起来，然后发起疑似侵权分析的评审流程。

2. 权责明确

在线上流转中，需要不同的人提交、确认、决策不同的信息内容，这就涉及职权和责任的问题。某个节点上需要设置哪个角色或用户来操作及操作哪些内容，需要根据业务流程的梳理来制定。确定好了节点的执行人及执行人可浏览或编辑的信息内容就确定了这一步骤的权责。例如，一份技术交底书是否申请专利，这个结论是放在总工程师这个节点还是知识产权部门 IPR 来决定，要根据企业实际管理情况来确定，做到权责明确。

3. 时间可控

与线下纸件评审流程相比，线上评审可以实现及时流转、适时提醒、过时自动处理等操作，避免因为流程处理不及时耽误工作进度。流程中定义好流转步骤后，解决了流程执行规范的问题，避免了随意流转。适时用短信、微信或邮件提醒执行人可以避免执行人因未及时处理而延误工作的问题。过时自动处理，对于时间紧迫、时限要求严格的节点可以避免重要任务在时限前无法完成处理的问题，如年费缴费决策评审，如果某个步骤执行人在设置时间内没有执行操作，则可以预置为自动审批通过，在年费缴纳期限之前如期缴纳年费。

4. 方便追溯

线上评审在文件管理、信息查询等方面非常方便，可以做到管理留痕。比如某项专利申请过程中，对在先的申请文件内容有了疑问，则可以查阅在先的申请文件撰写评审流程中的各个文件版本，准确判定申请文件是基于哪个版本提交的，因为在流程中申请文件的撰写版本、时间、撰写人、审批人都会有非常清晰的记载。

基于以上因素，在专利管理信息化系统中引入工作流技术，用来支撑各类评审流程是非常必要的，下面简单了解一下工作流技术。

4.1.2 工作流技术简介

为了实现线上流程评审，目前大多采用工作流技术。工作流技术是一种剥离了具体业务的通用技术手段，一套完整的工作流功能组件叫作工作流引擎。就像一台发动机，可以作为汽车的牵引动力，也可以作为发电机的旋转动力，还可以放到其他工作场景中作为动力源，工作流引擎也是如此，引擎所具有的功能可以支撑任何适用工作流控制的系统，如 OA 系统中的审批功能，ERP 系统中的审批功能、物流管理系统中的流程管理、专利申请中的申请评审功能等。在企业专利管理信息化系统中应用工作流引擎技术是引擎应用的场景之一，下面我们简单了解一下工作流技术及工作流引擎可以支撑的具体功能。

工作流技术的理论研究开始于 20 世纪六七十年代，随着办公自动化的发展，人们开始研发工作流技术及应用。20 世纪 90 年代以后，个人计算机和网络的逐步普及，工作流技术的发展达到一个高潮，并在 1993 年由多家公司联合成立了工作流管理联盟（http://www.wfmc.org/），作为工作流技术标准化的工业组织，图 4-1 为该组织官方网站的首页截图。

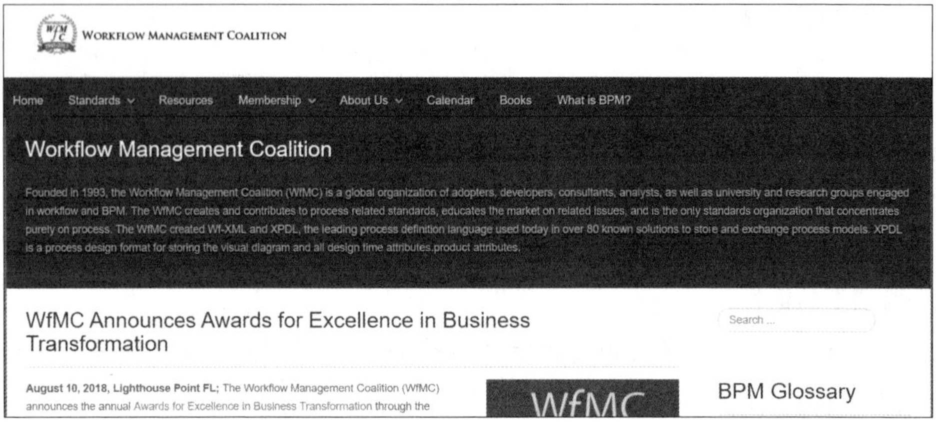

图 4-1　工作流管理联盟网站

工作流引擎的业务处理可以支持业务活动的流转和控制，流转类型有启动、终止、挂起、恢复等。简单的流程流转包括串行任务，即所有流程节点都采用串行的方式连接，上一个节点处理完才能流转到下一个节点进行处理；也包括稍微复杂一点的并行会签，即一个流转节点的处理人是多个人，需要同时将任务发送给这些处理人，处理人可以不分先后顺序对任务进行处理。

工作流引擎目前主要分为开源引擎和商业化引擎两大类，开源引擎中 Activiti（https://www.activiti.org/，官网如图 4-2 所示）比较流行，Activiti 引

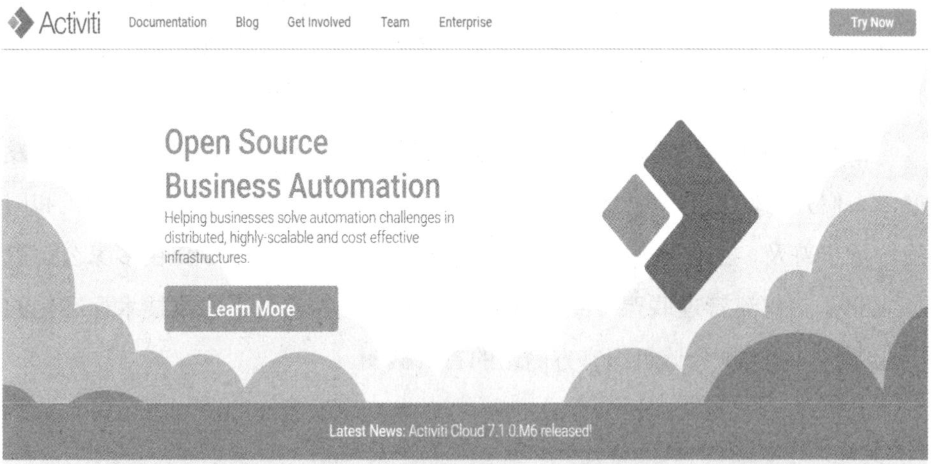

图 4-2　Activiti 开源项目网站

擎遵循 BPMN2.0 标准。商业化引擎大多是基于开源引擎的二次开发产品，相比于开源引擎，功能上比较丰富，而且功能操作上更贴近中国用户的使用习惯。

企业专利管理系统中根据企业规模和管理模式的不同，应用工作流进行处理的方式也不尽相同，最常用的流转方式有串行会签、并行会签、分支判断、同步执行等。

4.1.3 流程控制面临的问题

工作流技术看起来很美，具有提高工作效率、处理工作严谨等优点，但实际应用到具体业务的时候也存在很多问题，这些问题的集中表现就是流程“不好用”，用户“不爱用”，导致流程根本用不起来。

通过总结以往项目建设的经验，导致流程“不好用”的主要问题有以下三个方面。

第一，流程设计缺乏细致的业务分析。规划和设计一条流程的基础就是对业务进行深入分析，并非简单地将纸质的表单转换成电子表单那么简单，需要拆分业务链条，找出链条之间的关联关系，即该串行的要串行执行，该并行会签的要并行执行，还要充分考虑每个节点操作的字段信息，防止信息记录不全、一些预置选项内容设置不完整等问题发生。如需要记录“发明人所在项目组”这个信息，而流程中没有记录，只记录了姓名，就会导致后续评审中还要手动查看这个发明人归属于哪个部门、哪个项目组，导致操作上的不方便。

第二，流程节点设置不符合实际。有的流程虽然在表单的设计上很完整，但在节点设置上考虑不周全，导致流程流转不畅。如流程流转到一个节点后，执行人设计是“部门负责人”这个角色，但是部门负责人中正职和副职都设置成了同一个角色，导致这个流程到这个节点之后变成了“抢做”模式，即谁先接收了流程谁先审批，而实际应该是主管的副职先审批，副职审批后再由正职审批，那么在节点的设置上就出现了问题。诸如此类的问题还有很多，都会导致流程流转无法顺利进行。

第三，流程维护不到位。针对表单设计不合理、节点设置有瑕疵的问题需要在流程执行过程中仔细观察、分析研究，找出问题所在，不断对流程的表单内容和节点设置进行优化，形成新的版本，这就是流程的版本迭代，只有这样才能使流程越来越好用，越用越顺畅，发挥其提高工作效率的作用。

通过以上分析，流程控制要达到用户希望的效果，需要对其业务各方面做深入细致的分析。本章后续几个小节将介绍一些常用的评审流程，并剖析其中的一些关键点。

4.2 创意评审流程

创意评审流程是用于评审技术交底书质量的流程，最终结果将给出技术方案是否需要保护及以何种方式保护的结论。下文将具体从创意挖掘管理、创意评审的意义、创意管理的要点三方面介绍本流程。

4.2.1 创意挖掘管理

创意挖掘是创意评审的先决条件，有了创意，才能有评审的对象。如果企业中每天能有大量的、高质量的创意采集上来，对企业专利管理工作来说是一件非常值得高兴的事情，但往往事与愿违，企业中对专利创意的挖掘存在很多方面的难题。只有解决好这些问题，创意的挖掘才能顺畅，才能为专利管理工作打下良好基础。

1. 创意挖掘的短板

创意的产生是最难解决的问题，常见的原因有以下三点：第一是管理机制不健全，提出创意的力量“一盘散沙”，无法调动现有的创新力量；第二是研发力量不足，需要加强研发力量；第三是创意挖掘方法不当。

（1）管理机制不健全。

所谓“管理机制不健全”就是说企业还没建立起一个完整的专利管理流程，包括创意管理流程，创意奖励办法等。创意的提出全靠自觉，没有明确的制度约束，没有鼓励和激励的措施，导致技术人员创新积极性不高，申请专利的意识淡薄，形成了在做项目的时候提不提创意无所谓的一个状态。要改变这一现状，需要制定一个好的企业专利管理办法，各方面都有所规定，做到“有法可依”。如可以设置创意奖励的办法，提出 1 条创意并通过评审奖励有哪些，提出多条的奖励有哪些等，当然除了激励机制还可以设置惩罚机制，与激励机制组合使用，在项目立项之初就确定好创意的产出数量，作为项目的一项考核指标，在项目结项时，如果没有达到目标，则项目组技术人员和参与专利挖掘的专利工程师需要对此负责。通过这些措施，可以促使技术研发人员、专利管理人员紧密地“绑”在一起，朝着同一个目标去努力，在企业内部形成一种良好的互动和循环，久而久之，可以形成主动创新和积极保护创新的文化氛围。

总之，方法就是建立起公司的专利管理制度，制定一套切实可行的专利管理办法，并且要将这一办法贯彻好、执行好。

（2）研发力量不足。

有了一个好的制度，还要有一个强有力的研发力量才能更多、更好地产出创新成果。

企业中研发力量不足，不外乎两种情况，即水平不足和人员不足，本质上就是人员质量和数量的问题。

人员的水平不足，无论是研发人员的技术还是专利工程师的业务能力，都需要加强业务能力培训，以提高当前的研发力量。培训要有计划、有目的、有目标。此外，要重视专利工程师和研发人员能力结合，达到 1+1 ＞ 2 的效果。如专利工程师定期监控与项目有关的前沿专利技术，获取这些技术的专利文献，提供给研发人员，供研发人员参考，这样可以给研发人员带来技术启示，并且防止技术落入其他公司的专利保护范围。这就发挥了专利工程师的专利业务专长和研发人员的技术分析能力，只有二者紧密结合，才能有更多、更好的创意产出。

对于人员不足的问题，主要有两种解决方案，一种是加大人才引进力度，充实技术队伍。通过分析专利公开数据可以发现，往往一些研发实力强、专利申请多的企业，发明人的数量也多。还有一种方案是借助外力，通过合作研发、各自发挥特长形成合力，也能在创意方面有所突破。

（3）创意挖掘方法不当。

创意的挖掘需要技术研发人员和专利工程师相互配合，共同努力完成。

一般流程是确立技术问题，然后设计解决方案、实验，最后从这些解决方案中挖掘创意。所以，首要问题就是要提出要解决什么技术问题，如锂电池的充电时间太长，希望解决在更短时间内完成充电过程；每次用 usb 线充电太麻烦，如果能有一种无线充电方式来充电就好了，这都是在项目研发过程中需要解决的技术问题。

这些问题确认后，后面就是围绕这些技术问题开展的设计和实验，也就是寻找最佳的解决方案过程。应该说每一个解决方案都有申请专利的潜力，这些技术方案需要技术研发人员和专利工程师共同确定其创新点，将有创新点的技术方案提取出来作为一项创意。创新点不要贪大、贪多，只要是利用新的设计方案解决了问题，哪怕是方案很简单，都有可能成为申请专利的技术方案。如图 4-3 中这个电动自行车的电源连接结构，乍一看结构很简单：具有电动车

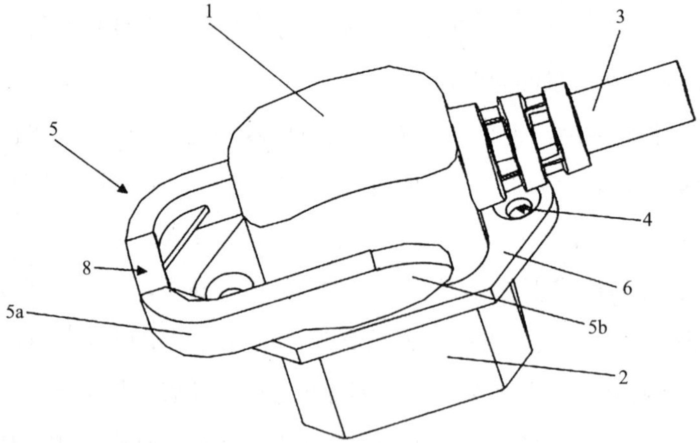

图 4-3　创意挖掘示例（电动自行车电源连结结构）

插头和电池插座，使用时电动车插头配合插入电池插座中，电动车插头和电池插座中的电路连通等简单的技术特征，但确实解决了电动车插头从电池插座中方便松脱，进而与电池插座分离这个技术问题，这项技术方案使电动自行车的电源连结结构便于使用。

当然，这只是创意挖掘的一种思路和方法，关于项目实施中如何挖掘专利、如何布局申请有很多相关研究和书籍，读者可以参考阅读。

2. 创意信息采集要点

克服了创意挖掘中的短板，相信创意的产出会比较顺利。那么下一步就涉及创意信息的采集要点问题。在采集创意过程中，有三类信息需要记录完备，分别是技术信息、来源信息、时间信息。

技术信息是创意的核心部分，这部分内容也叫技术交底书。这些信息包括技术方案的描述、创新点、能达到什么效果、与现有技术比有哪些区别和优势等，这些都是后面撰写专利申请文件的核心素材。这部分信息，最好文字描述详尽，图文并茂，必要时还需要配上视频，方便内部评审和后期专利代理师理解该技术，以便更好地撰写专利申请文件。

来源信息分为两部分，第一部分是归属来源，是与“人”相关的信息，包括这份创意来源于哪个分（子）公司、哪个部门、哪几位研发人员、哪位专利工程师等，这些信息可以作为后续申请专利时确定申请人、确定发明人的重要依据。第二部分是技术来源，就是说这个创意是新产品项目研发中产生的还是产品改进中想到的，还是市场调研中或参加某个招标中得到启发构思出来的，这些信息可以为后续产品的专利布局、数据挖掘提供数据支持。

时间信息，如提交时间、记录时间等，可用来跟踪进度、信息回溯，如果没有精确的时间信息，记录就失去了可信度和实际意义。记录的时间要注意精确度，有的可以精确到日，有的则必须精确到分钟或秒，因为有的企业有很多分（子）公司，而且又有业务板块重合的情况，在创意提交时，有可能同一天提交两件本质相同的创意方案，当决定申请专利的方案属于哪个公司时，就需要明确是哪个公司最先提交上来的，这个和申请专利时“同日申请”的情况类似，所以就需要以更细小的颗粒度来区分，如A公司上午9点提交，B公司下午3点提交，两件创意本质相同，则可以将创意及后续申请专利的权利确定为A公司。

4.2.2 创意评审的意义

创意信息采集完毕后，接下来会对这些创意信息进行评审，评审一般具有以下三方面意义。

1. 确定保护方式

不同创意有不同的技术含金量、不同的技术实施特点、不同的市场价值等，所以不是所有的创意都适合用申请专利的方式加以保护。如有的技术难以仿制，可以采用技术秘密的方式加以保护，技术秘密方式是企业自己不公开技术信息，依靠企业的保密措施达到保护的目的。但是，采用技术秘密保护的方式主要依靠企业内部的管理制度和方法来保护，一旦技术方案泄露，会造成很大损失。我们来看一个案例：A公司是一家科技型公司，有一款产品的技术方案采用了技术秘密的方式进行保护，只有比较核心的技术人员可以接触到。2017年A公司的部分员工离职，去了同行业的B公司。2018年，A公司发现市场销售大幅下降，后来发现B公司的产品技术特点与技术秘密相同，进一步发现B公司将A公司的技术秘密方案申请了专利，A公司叫苦不迭，向法院提起了诉讼，起诉B公司以利益诱惑等不正当手段招揽A公司业务环节的骨干人员，通过A公司的技术人员非法获取原告技术秘密。无论后续诉讼结果如何，由于技术秘密的泄露，已经给A公司带来了损失。所以，采用技术秘密方式保护的技术方案必须要做好严密保护，防止泄露，一旦泄露，后果不堪设想。

还有的技术创新程度比较低，不值得采用专利的方式加以保护，毕竟申请专利需要走完一套流程，支出一笔费用。但为了防止其他企业申请专利限制自己使用此技术，可以采用发表论文或网络公开的方式，这种做法叫作防御性公开。创客 IP（www.maker-ip.com）平台中专门有一个栏目用来作防御性公开，用户可以上传自己的资料，平台授予一个权威的时间戳，以此证明该文件是在某个时间点公开的，为了便于后续的取证调用。

只有那些技术含量较高，竞争对手也能做出来，但需要时间和资源，这种技术方案适合采用申请专利的方式加以保护。

2. 确定专利布局

如果确定了一件创意采用申请专利的方式进行保护，通过评审还可以确定专利申请的“区域布局”，就是说专利都需要到哪个国家或地区去申请。区域布局一般是到企业产品销售或计划在销售的国家或地区申请专利，以保护产品在销售地市场空间。再有就是需要确定在国外申请专利的方式，通过《巴黎公约》途径还是通过 PCT 途径，这些问题在评审中将会得以明确。

除了确定专利申请区域布局，还可以确定专利“类型布局”。通过评审可以确定申请专利的类型，目前专利一共有三种类型，分别是发明专利、实用新型、外观设计。对产品的工艺、配方、结构、用途等方法上的改进形成的技术方案可以申请发明专利，对设备的结构和构造进行改进的方案可以申请实用新型，可申请实用新型的技术方案一定可以申请发明专利，但实用新型的授权条件低于发明专利，没有发明专利在创造性方面的要求高。对产品的外观进行的改进设计可以申请外观设计。申请发明专利还是实用新型还是外观设计，或者多种类型的组合，都需要仔细考虑，尤其是发明专利和实用新型两种类型的选择需要仔细评估。如在我国发明专利保护期时间较长，为 20 年，实用新型的保护时间较短，为 10 年。但发明专利的审批时间也长，虽然现在很多地方建设了知识产权保护中心，有了预审环节，符合当地产业政策的专利申请可以走优先审查通道，但其平均审批时间还是比实用新型的审批时间长，毕竟发明专利申请要经过初审、实质审查两个阶段的审查才可以授权，实用新型的审查只需要经过初审即可。发明专利经过了实质审查的考验，通过了审查员对于新颖性、创造性和实用性的判断之后，取得授权后的权利稳定性相对比实用新型要高。这在地方的专利资助政策中可见一斑，在有专利资助政策的地区，发明专利和实用新型专利的资助金额往往相差很多。如一件授权的发明专利资助金额为 5000 元，实用新型专利资助金额只有 1000 元或 500 元，这从另一个侧面证明了发明专利的含金量问题。具体申请哪类专利，需要根据企业的战略和产品的特点来确定。

3. 控制创意质量

通过创意评审，可以对创意进行质量控制。通过评审中的价值度评估，分级分类，为颁发创意奖励提供数据支持。专利法中有对授权专利发明人或设计人的“一奖两酬”规定，就是一件专利授权以后，要对发明人进行一定额度的奖励，这是“一奖”；企业使用该专利技术进行生产销售获取的利润应该从利润中提出一些作为发明人的报酬，这是其中的一个“酬”；再有就是企业如果把这件专利许可或转让获取了使用费，则应该从使用费中提取一定额度作为发明人的报酬，这是第二个“酬”。除了法律规定的“一奖两酬”，很多企业会设置本公司的奖励体系，其中包括“创意奖”。创意奖也并非一概而论，而是需要评审后进行分级分类再进行奖励，所以就需要通过评审的方式确定一件创意的等级，为“创意奖”的颁发提供依据。

在评审过程中，要对评审信息进行管理，各个节点的评审时间、评审人、评审意见、评审结果等要详细记录。

4.2.3 创意管理的要点

对于已经提交但尚未进行评审的创意记录、评审中的记录、已经评审完的记录都需要很好地管理起来，为后续申请专利提供资源池。

对创意记录进行管理，在信息化系统中需要设置一些功能，如“筛选功能”。筛选功能需要支持按创意名称、所属公司、所属部门、提交日期等条件进行筛选。同时，这些记录还需要有导出功能。除了这些对创意记录管理的常规功能之外，还需要注意对创意记录的访问权限控制。对创意信息的管理最重要的一条就是要注意保密，因为这是申请专利的源头，源头不保，申请专利肯定就无望了。就像 A 公司与 B 公司的这件诉讼：2019 年 3 月，在圣迭戈法院，B 公司指控 A 公司手机侵犯了自己一件专利权，这件专利主要涉及“在多处理系统中，主处理器直接向一个或多个协处理器分装加载可执行软件图像”这项技术。然而，A 公司却认为该专利技术是基于自己工程师分享的一项创意，是 A 公司原创的技术，却被 B 公司拿去申请专利了。A 公司说这个创意是由公司前工程师提出的，该工程师与 B 公司工程师在一封邮件通信中讨论了这项技术，并且拿出了证据。这就是对创意管理不严的一个实例，A 公司自己的保密工作没做好，导致了创意被窃取，损失了申请专利的权利。

每一件创意随时间发展会有一系列的状态变化，此时要注意“创意状态”的及时更新，如是否有创意合并、是否已申请专利、是否已经转为技术秘密等，为创意的查找和跟踪提供准确数据。上面提到的“创意合并”的情况是指在集团型公司管理过程中，多个分（子）公司会有同时提出一个相同或相类似创意的情况，这个时候需要对这些相同或相类似的创意进行合案管理，如将原始的两条创意记录合成一条新的创意记录。

4.3 撰写及答复意见评审流程

4.3.1 流程的意义

申请文件是根据企业提供的技术交底书内容撰写并形成符合申请标准的正式申请文件，一般包括发明名称、摘要、摘要附图、权利要求书、说明书、说明书附图等。答复意见是针对审查员发出的审查意见通知书的答复文件。申请文件撰写及答复意见评审流程一般用于评价代理机构撰写的即将向国家知识产权局提交的正式申请文件或答复意见。即使企业委托了代理机构做专利申请，并不是说申请专利就会一帆风顺，专利代理师只能做好需要其做的事情，其他的一些工作还需要企业自己把关，如对申请文件撰写及答复意见文件的审核工作就需要在专利代理师撰写完稿件后，由企业自己进行评审。

对申请文件撰写质量的评审，核心是说明书部分和权利要求书部分。需要仔细审核说明书中创新点是否提炼得准确，要从具体的技术领域知识对照技术交底书和申请文件去分析，并要审阅一下技术方案是否公开得充分，说明书是提炼权利要求书的基础，所以必须要保证高质量说明书的撰写。权利要求书部分需要仔细分析撰写的层次是否清晰，保护范围是否得当、必要技术特征是否完整等。如果发现质量问题，需要反馈给专利代理机构进行修改，修改后再进行评审，直到修改达到要求为止。如果专利申请文件撰写的质量不佳，则会埋下权利不稳定及对产品保护不力的隐患，到时候再想挽回，已是无力回天，下面这个例子足以说明。

发明人 F 先生发明了一套“组合式直型全自动焊锡装置”，委托了某专利事务所代理申请专利，撰写申请文件后，提交了实用新型申请，该申请于次年获得实用新型专利权。随后，F 先生发现市场中有与本专利十分类似的产品在出售，于是，F 先生专程去深圳做市场调查，发现多家港资企业也在销售类似产品。经收集证据后，F 先生请求深圳知识产权局给予行政处理，但却被驳回，理由是：“被控两种产品均未落入本专利的保护范围。”这可真是出乎意料，与自己专利技术一样的产品怎么会没有落入专利权保护范围呢？F 先生经过咨询其他代理机构得知，当时这件专利的权利要求写得有问题，整个权利要求书只有 1 条，没有分层保护，把附加技术特征写成了必要技术特征，极大地缩小了专利权的保护范围，所以这些生产厂家非常容易就把专利中的技术保护范围绕过去。F 先生觉得责任得由原来的代理所承担，认为是由于专利代理师的不称职代理行为影响了自己的利益，所以向法院提起诉讼，请求判令代理所赔偿专利损失。但法院认为，专利事务所与 F 先生订立的专利代理合同，系双方真实意思表示，内容合法，为有效合同，签约后，该所按照双方合同约定，已实际全面履行了合同约定的义务，即代理 F 先生申请专利并获得授权，完成了代理行为，判决驳回原告 F 先生的诉讼请求。F 先生不服判决，又向省高级人民法院提起了上诉，但最终被驳回了上诉，维持了原判。

从上面这个例子可以看出对专利代理师撰写的申请文件进行审核是非常必要的，因为代理师在专业知识、业绩压力、内部质检等方面存在局限性，况且撰写质量没有统一的评判标准，专利能否授权或者说授权后能否保证以后不被无效掉都不是代理所能保证的，所以申请文件或答复意见撰写的到底怎么样，应由企业自己再把一道关，通过评审发现这些问题，最终完成一份高质量的专利申请文件或答复意见。

申请文件和答复意见这两类文件撰写质量的优劣会直接影响后续能否授权，或授权后专利权是否稳定。评审申请文件要从技术方案是否发明人的真实意思表述，以及方案的完整性、权利要求保护的合理性，权利要求书与说明书对照是否能够得到说明书的支持等等这些专利审查的角度去评判。

申请文件或答复意见如果撰写不好，除了上面提到的维权阶段会力不从心，在专利无效阶段也是毁灭性的。这样的案例之前有很多。如国外 A 公司曾经无效过一件国内专利，是涉及一种智能音频服务器，最终结果该件专利被全部无效，其中一个重要的原因就是申请文件撰写得不够好，没有将现有技术与该发明的区别技术特征记载到权利要求中，也没有进行多层次的撰写权利要求，以及以递进或并列方式撰写从属权利要求，导致在无效阶段修改权利要求书的时候出现得不到说明书支持的情况。如果申请文件撰写的质量很高，进行过仔细的评审，将会降低这种情况的发生。

4.3.2 流程关键点

申请文件及答复意见评审流程在信息化管理过程中要注意以下三个关键点。

1. 文件版本清晰

文件版本要清晰，可追溯。在审批流程中要清楚地设定上传文件的版本，如申请文件第一稿、申请文件第二稿、申请文件终稿或采用数字的方式标记版本，以此避免文件版本不清晰，给评审人员带来不便，而且后续修改和追溯也会造成困难。

2. 评审人员要全

流程涉及的评审人员要全面。申请文件来源于技术交底书，答复意见会对审查意见通知书进行辨析并对申请文件进行修改，两类文件会决定后续案件是否能够获得授权，所以参与这一流程评审的人员尽可能包括发明人、发明人所在部门的负责人、公司技术负责人、专利工程师、专利代理师等，目的就是让不同角色的人从不同的角度去发现问题、提出问题，进一步完善申请文件或答复意见的内容并提高撰写的质量。

3. 注意提交时限

流程中要设置时间期限。根据企业申请专利的策略，大部分专利申请需要尽早提交，所以对提交日期一般都会设置期限。答复意见是对审查员发出的审查意见通知书的回应，一般会有一个指定日期。如对发明专利的第一次审查意见通知书答复期限一般是 4 个月，以后每次是 2 个月；对于实用新型和外观设计专利申请，每次审查意见通知书的答复期限均为 2 个月等。所以，在流程设计中必须设置相应的时间期限，一般每个期限可以设置两个时间点，一个是内部期限，另一个是官方规定的期限，这样在流程评审和文件版本迭代的时候会有一个时间意识和时间提醒，防止超期导致后续申请受到损失。答复意见的超期最常见的后果就是导致专利申请被视为撤回，也就是说国家知识产权局会认为申请人没有在规定时间内答复，推断申请人已经放弃了继续申请的行为，即撤回了专利申请。

4.4 著录项目变更流程

4.4.1 重要性

著录项目变更流程一般应用在企业内部对发明人、申请人、权利人等变更的审核中，审核通过后才能向国家知识产权局提出正式的著录项目变更申请。

发生著录项目变更的原因主要是发生了发明人、申请人或专利权人的变化，如一项专利申请在创意阶段，最初项目组提交的发明人只有张三、李四，但王五也对发明做出过实质性的贡献，由于疏忽没有将王五列为发明人，后面经过确认需要将王五列为发明人，所以就需要发起一条变更发明人的审批流程。申请人变更一般由于申请权的转让，或申请人中少加了合作单位作为联合申请人，或多个申请人的顺序需要调整等情况发生，此时需要进行申请人变更的流程审批。上面提到的专利申请权的转让，就是在专利申请授权之前将继续申请专利的权利进行转让，如原申请人是下属公司 A，A 公司将专利申请权转让给了下属公司 B，则也需要进行申请人的变更。权利人的变更一般是专利权的转让造成的，包括专利权在公司内部的子公司之间转让和与其他外部公司转让。

4.4.2 注意事项

著录项目变更流程一般与权属相关，有很强的法律性质，所以一定要严谨，注重证据信息的管理。总的来说，需要注意以下两点。

（1）变更流程中做好证据的留存。如相关协议扫描件的上传、流程中电子签章的应用等。如申请人由原来的 A 公司变更为 B 公司和 A 公司，这个时候就需要 A 公司和 B 公司出具申请人变更的情况说明，并盖章后扫描上传到流程，有转让合同的应该把转让合同上传，防止发生权属纠纷时无证可查。还有就是涉及变更前的主体与变更后的主体，如果有可能都应作为流程审批的会签人，并记录变更前与变更后相对应的信息。如变更前发明人为张三，变更后发明人为张三、李四，这时候需要张三、李四都要在流程中签署意见。

（2）变更前与变更后的信息要成对出现，在审批时做到直观、易理解。此外，时间记录要清晰，包括流程发起时间、线下的协议达成时间等。

涉及与外部公司之间的专利申请权、专利权转让属于专利管理中的重大事项，一定要仔细谨慎，尤其是转让合同，千万不能随意签署。在审批流程中每一个节点的审批意见和合同附件都要仔细审核，因为一旦造成权利损失，将追悔莫及，下面来看一个例子。

2007 年一家公司 A 申请了一件发明专利，国家知识产权局在当年进行了公开。2008 年，专利申请尚未授权，A 公司与一家 B 公司签订了专利申请权转让合同，B 公司随后委托了一家代理所去办理著录项目变更手续，代理所当时发现合同条款不清，于是向 A 公司进行询问，A 公司回复说，此合同是为了配合某市的一个项目，是 B 公司单方面起草的，没有经过 A 公司的同意，暂时不能办理变更手续，A 公司在 2009 年向代理所提交了一份延期办理专利申请权变更的函，代理所就中止了著录项目变更手续，并告知了 B 公司，B 公司当时未提出任何异议。2013 年，该专利被授权，A 公司办理了专利权登记手续，B 公司得知专利被授权后，在授权当月直接向国家知识产权局提出著录项目变更手续，并顺利通过，国家知识产权局在专利公报上公告了专利权转移的著录项目变更事项。A 公司得知后，向国家知识产权局进行申诉，无果，就向北京市一中院进行起诉，将国家知识产权局列为被告，将 B 公司列为第三人。经过审理，法院认为著录项目变更过程操作并没有违法之处，驳回了起诉申请。A 公司不服，继续向北京市高院上诉，但最终结果还是维持原判，驳回了上诉请求。最终，A 公司为自己草率签署专利申请权转让合同而买单。

采用工作流技术处理专利管理业务在企业专利信息化管理中非常重要，是一条一条的“线”，这些“线”将业务中的人、业务、时间串了起来，通过流程的规划和设计，搭建了企业专利信息化的基本框架，在此基础之上抽取和建立一些专门的模块来管理业务，如对发明人的管理、对专家的管理、对费用的管理、对文档的管理等。

通过对本章的阅读，可以了解流程控制的重要性、专利管理中使用的流程控制相关技术及常见的创意评审流程、申请文件撰写和答复意见评审流程、著录项目变更审批流程等三条基本业务流程。通过这些内容的了解，可以对流程如何规划、流程在表单和节点上如何设置等问题有了基本方法，为企业专利信息化管理中涉及流程控制提供思路借鉴。

第5章 申请管理

创意管理是专利管理的源头工作，积累了企业专利数据中的底层部分。通过创意评审最后确定以专利的方式进行保护的创意，接下来就是向国家知识产权局递交申请文件一直到申请结案的工作，对这一过程的管理我们称为“申请管理”，申请管理中的每一条记录，我们称为“申请记录”。按照时间顺序和信息关联的原则，可以将申请管理分为创建记录、通知书管理、案件状态管理、缴费管理、授权管理、文档管理等几个区块。

5.1 创建记录

申请记录创建后，首先需要记录创意评审结束到递交官方申请一直到取得申请号这一阶段的信息，这是申请管理的“头部信息”这些“头部信息”也可以称为“立案信息”。如一条创意 A 通过评审，决定其可以以申请发明专利的方式进行保护，那么就需要在申请管理中创建一条申请记录 A+，创建记录时需要明确该记录与其他数据记录之间的关系，重点需要理解以下两类关系。

5.1.1 申请与创意的关系

每一条申请记录都是基于已有的创意记录产生的，也就是说，申请记录都是“有据可查”的。这一关系需要在立案信息中体现出来，方便追溯创意阶段的数据和文件。申请与创意之间包括一对一、一对多、多对一这三种关系，下面分别进行介绍。

（1）一对一的关系，就是一条创意记录对应一条申请记录，表明创意的技术方案比较完整和明确。如一条创意记录只适合申请发明专利或外观专利，则在申请管理中就会相应地创建唯一的一条发明专利申请记录或外观设计申请记录。

（2）一对多的关系，就是说一条创意记录中包含的技术方案可能不止一个，或者说包含了适合同时申请多件专利的技术方案。如一条创意经过评审之后发现里面有两个独立的发明点，不属于一个发明构思，这时候就需要申请两件专利，此时这一条创意记录就会在申请管理中对应创建多条申请记录。

（3）多对一的关系，有的时候两个或多个创意的思路相近或者可以形成互为补充的关系，这个时候就需要将这两个或多个创意的技术方案进行合并，合并一件新创意用来申请一件专利，此时就会发生多个创意记录对应一条申请记录的情况。

创意阶段使用的发明名称和创意提交日期需要在立案管理区块中显示，为了便于监控该件专利申请的总体进度。

此外，立案管理区块还应该包括申请专利的种类，也就是说采取中国国内申请还是PCT途径的国际（国家）申请或者《巴黎公约》途径的国外申请等，还要记录专利类型、申请的国家、正式申请时使用的发明名称、最终确定的发明人、最后确定的申请人等信息，同时还需要标记此件申请的专利代理师、代理机构、申请日、申请号等信息。

5.1.2 不同申请之间的关系

不同申请记录之间存在关联性。如同一件创意会同时申请发明专利、实用新型专利情况，那么这件发明专利和实用新型申请之间就存在同日申请的关系；再如一件在先的申请可以作为在后申请的优先权基础，那么在先和在后两件申请之间存在优先权的关系等，所以在创建一条新的申请记录时，需要在立案管理中将这些关联性体现出来，便于后期管理。

1. 同日申请

如果希望一项技术方案同时申请国内发明和实用新型专利，需要创建两条申请记录，并将两条申请记录互相关联，体现同日申请的关系，方便查看两条申请记录的审查信息、案件状态、相关文档等。

2. 优先权基础

如果新创建的申请记录是基于在先的某些申请的继续申请，希望之前的某些申请记录作为优先权基础，则应该将新记录与在先的优先权申请进行绑定，体现申请之间的优先权关系。优先权的引用关系会在专利说明书扉页中列出，如图 5-1 所示。

(19)中华人民共和国国家知识产权局

(12)发明专利申请

(10)申请公布号 CN 11146[redacted] A

(43)申请公布日 2020.07.28

(21)申请号 20188008[redacted]

(22)申请日 2018.12.04

(30)优先权数据

15/847,[redacted] 2017.12.19 US

(85)PCT国际申请进入国家阶段日

2020.06.11

(86)PCT国际申请的申请数据

PCT/US2018/0[redacted] 2018.12.04

(87)PCT国际申请的公布数据

WO2019/12[redacted] EN 2019.06.27

(71)申请人 [redacted] 公司

地址 美国爱达荷州

(72)发明人 [redacted]

(74)专利代理机构 北京[redacted]知识产权代理有限责任公司 [redacted]

代理人 [redacted]

(51)Int.Cl.

H04L 9/08(2006.01)

H04L 9/32(2006.01)

H04L 12/24(2006.01)

图 5-1 专利文献中的优先权数据

3. 分案申请

如果当前申请记录是某个在先申请的分案申请，则需要记录分案与母案之间的关联关系。

4. 同族申请

同族申请的关系有两种类型，一种是通过优先权引用关系来关联，将至少具有一条相同优先权引用基础的申请记录关联起来，作为一个家族。如先在国内申请了一件国内专利，然后基于该件专利分别在美国、日本、韩国等多个国家申请专利，则这些申请就可以作为一个家族进行关联管理。另一种是PCT的家族模式，即以一条PCT国际申请记录作为起点，关联起多个进入不同国家的国家阶段申请记录。以上这些申请可以统一赋予一个家族号，表示它们之间的同族申请关系，为后面的统计分析、关联查看等提供便利。

5.2 通知书管理

通知书是专利申请过程中由国家知识产权局发出的各类通知文件，也叫官方来文，包括审查意见通知书、补正通知书、授权通知书、缴费通知书等，这些通知书一般都有明确的答复期限，对通知书进行管理时应该足够重视，防止逾期。如第一次审查意见通知书的期限是自收到通知书之日（一般从发文日开始计算，再加15天作为推定通知书的收到日期，如发文日是1月1日，则“收到通知书之日”就是1月1日加上15个自然日）起4个月内答复，第N次审查意见通知书的答复期限是2个月，办理授权手续通知书的期限是2个月等。

图5-2是某件专利申请的通知书发文列表，每件专利的发文信息在CPQUERY系统（http://cpquery.cnipa.gov.cn/）中都可以查看。

对通知书的信息管理，首先要及时接收，无论是电子申请还是纸件申请，无论是企业自己申请还是通过代理机构申请，都应该及时接收通知书，为采取下一步行动争取时间。其次，要分清通知书的类型、名称、发文日、要求的答复期限等关键信息，如图5-3中虚线框所示。

通知书发文

通知书名称	发文日	收件人姓名	收件人邮编	下载时间	下载IP地址	发文方式
办理登记手续通知书	2018-09-03	曾[redacted]	200031			电子发文
复审决定书（首页）	2018-04-26	上海[redacted]有限公司 ...	200031			纸件发文
复审请求受理通知书	2017-10-13	上海[redacted]有限公司 ...	200031			纸件发文
驳回决定	2017-07-04	曾[redacted]	200031	20170707132105	192.168.6.100	电子发文
第N次审查意见通知书	2017-01-16	曾[redacted]	200031	20170116175407	192.168.6.100	电子发文
复审决定书（首页）	2016-10-25	上海[redacted]有限公司 ...	200031			纸件发文
复审通知书(首页)	2016-05-30	上海[redacted]有限公司 ...	200031			纸件发文
复审请求受理通知书	2016-03-09	上海[redacted]有限公司 ...	200031			纸件发文
驳回决定	2015-10-30	曾[redacted]	200031	20151102125539	116.226.177.112	电子发文
第N次审查意见通知书	2015-05-12	曾[redacted]	200031	20150518110104	116.226.35.160	电子发文
第N次审查意见通知书	2015-01-27	曾[redacted]	200031	20150128131724	116.226.48.250	电子发文
第N次审查意见通知书	2014-07-30	曾[redacted]	200031	20140805094232	116.226.63.82	电子发文
第一次审查意见通知书	2014-01-14	曾[redacted]	200031	20140115160045	116.226.33.50	电子发文
发明专利申请公布及进入实质审...	2012-08-22	曾[redacted]	200031			电子发文
发明专利申请初步审查合格通知书	2012-04-09	曾[redacted]	200031			电子发文
专利申请受理通知书	2012-02-02	上海[redacted]有限公司 ...	200031			电子发文
费用减缓审批通知书	2012-02-02	上海[redacted]有限公司 ...	200031			电子发文

图 5-2　通知书列表

通知书不及时接收和答复，后果非常严重。下面看一个例子，这个案例是由于代理所的疏忽，没有及时转交给企业驳回通知书，导致专利申请无法继续。2014 年 7 月 14 日，A 公司与 B 专利代理公司签订编号为 20140621 的《专利代理服务协议》，协议约定：A 公司委托 B 公司办理 3 件美国外观专利申请事务，每件人民币 19000 元，共 3 件，合计 57000 元人民币。协议中第 4 条规定：在专利登记过程中，如果出现补正、修改等情况，B 公司应当及时通知 A 公司（以传真件为据）补充和修改。2015 年 6 月 8 日，美国某专利代理公司深圳代表处（B 公司委托的美国当地代理机构）发出三份函件，内容包括：美国专利商标局就申请号分别为 29/502128、29/502129、29/502285 的专利申请，于 2015 年 6 月 3 日发出官方审查意见，审查意见的答复截止日期为 2015 年 9 月 3 日，延期答复则需缴纳额外的费用，而且不能超过 6 个月，即 2015 年 12 月 3 日，否则申请将会被作为放弃处理。但是 B 公司于 2016 年 4 月 19 日才将从美国某公司深圳代表处发送给 B 公司的三份函件以及附件发送给 A 公司，导致该专利无法继续申请。因此，A 公司将 B 公司告上法庭，案件经过广州知识产权法院一审、广东省高级人民法院二审结案，判定 B 公司向 A 公司返还全部专利代理费用人民币 57000 元。

中华人民共和国国家知识产权局

100020

[redacted]

发文日：

2013 年 01 月 24 日

申请号或专利号：20111000[redacted] **发文序号：201301210003**[redacted]

申请人或专利权人： 东[redacted]

发明创造名称： 碳纤维

办理登记手续通知书

根据专利法实施细则第 54 条及国家知识产权局第 75 号公告的规定，申请人应当于 2013 年 04 月 08 日之前缴纳以下费用：

专利登记费	250.0 元	
第 6 年度年费	1200.0 元	无费减 （减缓标记）
专利证书印花税	5.0 元	
已缴费用	0 元	
应缴费用	1455.0 元	

申请人按期缴纳上述费用的，国家知识产权局将在专利登记簿上登记专利权的授予，颁发专利证书，并予以公告。专利权自公告之日起生效。

申请人期满未缴纳或者未缴足上述费用的，视为放弃取得专利权的权利。

图 5-3 办理登记手续通知书

虽然代理费得到了全部返还，但在美国申请的三件专利却失去了获取授权的可能，如果产品出口到美国，相关的产品外观设计将无法得到专利权的保护，将来的损失很难估计。所以，对于通知书的管理，在及时获取、答复质量控制等方面一定要做好，防止类似情况出现，以免给公司的经营带来潜在风险。

对于通知书的答复处理，要慎之又慎，既要保证在官方规定的期限内如期答复，又要保证答复质量，这里面同样涉及答复质量的控制，同样需要通过评审流程严格把关，看一下是否针对通知书全部内容进行了逐条答复，涉及修改的内容是否超出了原说明书记载的范围等。

除了常规的审查通知书，有一类通知书需要单独提一下，就是复审通知书。当一件申请被驳回时，应当依据《中华人民共和国专利法实施细则（简称“实施细则”）》第五十三条的规定：“依照《中华人民共和国专利法（2020）》（简称“专利法”）第三十八条的规定，发明专利申请经实质审查应当予以驳回的情形是指：

（一）申请属于专利法第五条、第二十五条规定的情形，或者依照专利法第九条规定不能取得专利权的；

（二）申请不符合专利法第二条第二款、第二十条第一款、第二十二条、第二十六条第三款、第四款、第五款、第三十一条第一款或者本细则第二十条第二款规定的；

（三）申请的修改不符合专利法第三十三条规定，或者分案的申请不符合本细则第四十三条第一款的规定的。”

申请被驳回后申请人有两条途径可以选择，可以尝试让案件继续申请。一种是行政复议，另一种是提起复审。关于行政复议的内容，企业用的比较少，不做过多赘述，申请人一般会选择通过复审来试图撤销驳回决定。通过数据统计分析近五年的复审案件，三种类型的复审总量为 61018 件，其中涉及发明专利 60312 件，实用新型 675 件，外观设计 31 件，年均 1 万件以上。

对于复审信息的管理，重点需要针对驳回的理由进行申辩分析，记录分析文档，记录审查员使用的证据和法条，以及最终的复审结果，将驳回决定作为附件进行保存。

随着通知书的接收和答复，需要注意及时更新每个申请记录的案件状态，如已受理、已初审、已公开、一通待答复、已授权等，及时掌握企业所有申请记录的状态变化情况。

通知书管理中还有一处需要注意，就是通知书与答复意见的配对管理，一个通知书如果有答复意见文档，需要将答复意见文件与通知书文件对应起来，方便以后归档和查找。

5.3 案件状态管理

在申请过程中，随着通知书答复等业务处理，案件的状态会发生变化。针对申请记录设置一组准确的状态名称对专利的进度跟踪和专利申请的统计分析有很大意义，一般可以设置以下 15 个基本状态。

（1）已立案。表示申请记录已经创建，该申请已经纳入申请管理的范畴，能唯一标识这件申请的申请编号已生成，和创意记录之间的关联关系、和其他申请之间的关联关系已经建立。

（2）撰写中。表示申请文件正在撰写过程中，尚未提交专利申请。

（3）已受理。表示已经正式提交专利申请，申请已经受理，并且已经获得申请日、申请号等信息，等待缴纳申请费。

（4）已公开。仅对发明专利而言，即该申请已经通过初审，已经进行了出版公开，等待缴纳实审费并进入实质审查。

（5）实审中。表示发明专利已经进入实质审查阶段，正处于通知书答复环节。

（6）初审驳回。表示申请未能通过初审，申请被驳回。

（7）实审驳回。表示发明专利未能通过实审，申请被驳回。

（8）初审后复审中。表示专利在初审环节被驳回，然后提起复审，目前正处于复审审查阶段。

（9）实审后复审中。表示发明专利在实审环节被驳回，然后提起复审，目前正处于复审审查阶段。

（10）等待办登。表示已经收到授权通知书和办理授权手续通知书，尚未开始办理授权登记手续。

（11）已办登。表示已经完成办理登记手续，等待专利公报进行授权公告。

（12）已授权公告。表示该专利已经被授权公告。

（13）授权维持中。表示授权已经公告，已经进入专利权维持阶段。

（14）审查后视为撤回。表示案件经过初审或实审，对审查员发出的审查意见通知书没有在规定时间内进行答复，申请被视为撤回。

（15）未提起实审视为撤回。该状态仅针对发明专利，发明专利在自申请日起 3 年内未提出实质审查请求，申请被视为撤回。

以上 15 个申请状态是申请过程中常用的申请状态，下面这 3 个状态是专利授权后的状态，申请中的状态和授权后的状态可以统称为案件状态。

（1）已被全部无效。表示该专利被提起过无效，且最终被全部无效。

（2）已被部分无效。表示该专利被提起过无效，且最终被部分无效。

（3）期满已终止。表示三种专利在各国法律规定的专利权期限已满，专利权自动已终止。

当然，除了以上这些基本状态，还可以设置更多更详细的状态，如一通待答复、二通待答复、待缴纳申请费等。案件状态颗粒度设置的粗细程度会影响管理工作的质量，状态设置越细，对案件把握得越精准，处理和统计起来更主动和有效。

案件状态的变化可以根据数据之间的关联以及外部数据的推送进行自动更新，减少了人工操作的工作量，同时也降低了误操作的概率。在信息化系统页面中，不同的案件状态通过状态名称可以区分，如图 5-4 所示，可以一目了然地了解案件的状态。

案件状态更新变化时，应该设置提醒功能，及时提醒管理人员案件的变化信息，以便采取积极主动的处理措施。

申请号	申请日	发明名称	申请人	申请类型	申请状态
CN20201003[redacted]	2020-01-14	一种重力压缩空气储能系统及其工作方法	中国[redacted]技术研究院有限公司	发明专利	实审中
CN20201002[redacted]	2020-01-09	一种燃煤发电机组单罐熔融盐斜温层储热系统 ...	中国[redacted]技术研究院有限公司	发明专利	实审中
CN20192210[redacted]	2019-11-29	一种分区控温光伏组件叠瓦平台	中国[redacted]技术研究院有限公司	实用新型	已授权（维持中）
CN20191120[redacted]	2019-11-29	一种分区控温光伏组件叠瓦平台及其工作方法	中国[redacted]技术研究院有限公司	发明专利	实审中
CN20191119[redacted]	2019-11-28	一种带参烧气注入和热值调节功能的燃气轮机 ...	中国[redacted]技术研究院有限公司	发明专利	实审中
CN20191119[redacted]	2019-11-28	一种适用于燃气轮机燃烧室振动的监测装置及 ...	中国[redacted]技术研究院有限公司	发明专利	实审中
CN20192202[redacted]	2019-11-19	一种天然气水合物的合成及开采模拟实验系统	中国[redacted]技术研究院有限公司	实用新型	已授权（维持中）
CN20191113[redacted]	2019-11-19	一种高浓度二氧化硫还原制备硫磺的原位催化 ...	中国[redacted]技术研究院有限公司	发明专利	实审中
CN20191113[redacted]	2019-11-19	一种天然气水合物的合成及开采模拟实验系统 ...	中国[redacted]技术研究院有限公司	发明专利	实审中
CN20192198[redacted]	2019-11-15	一种模拟二氧化碳置换法开采天然气水合物的 ...	中国[redacted]技术研究院有限公司	实用新型	已授权（维持中）

图 5-4 申请状态

5.4 缴费管理

在专利申请过程中，还有一类信息需要仔细管理，这就是费用信息，主要涉及费用缴纳、奖金管理、资助金管理、费用预测这四项内容。

5.4.1 费用缴纳

费用缴纳包括官费缴纳和非官费缴纳。

官费就是官方即各国专利局规定的费用，包括申请费、实审费、复审费、年费等，我国的专利收费标准在国家知识产权局综合服务平台（http://www.cnipa.gov.cn/zhfwpt）“专利申请的费用”栏目下有具体的缴费说明和缴费标准，如图 5-5 所示。对于费用的缴纳，企业可以自行缴纳，也可以委托代理机构代为缴纳。

专利收费、集成电路布图设计收费标准

第一部分 专利收费标准

（金额单位：人民币元）

专利收费-国内部分	
（一）申请费	
1. 发明专利	900
2. 实用新型专利	500
3. 外观设计专利	500
（二）申请附加费	
1. 权利要求附加费从第11项起每项加收	150
2. 说明书附加费从第31页起每页加收	50
从第 301 页起每页加收	100
（三）公布印刷费	50

图 5-5 中国专利缴费标准

查看其他国家或地区的专利缴费标准，可以登录各个国家或地区的专利局官方网站获取最新的缴费标准，如美国专利商标局网站在 https://www.uspto.gov/learning-and-resources/fees-and-payment/uspto-fee-schedule 页面对美国各类专利的缴费标准进行了说明，如图 5-6 所示。

Patent Application Filing Fees — Back to Top

Fee Code	37 CFR	Description	Fee	Small Entity Fee	Micro Entity Fee
1011/2011/3011	1.16(a)	Basic filing fee - Utility (paper filing also requires non-electronic filing fee under 1.16(t))	300.00	150.00	75.00
4011†	1.16(a)	Basic filing fee - Utility (electronic filing for small entities)	n/a	75.00	n/a
1012/2012/3012	1.16(b)	Basic filing fee - Design	200.00	100.00	50.00
1017/2017/3017	1.16(b)	Basic filing fee - Design CPA	200.00	100.00	50.00
1013/2013/3013	1.16(c)	Basic filing fee - Plant	200.00	100.00	50.00
1005/2005/3005	1.16(d)	Provisional application filing fee	280.00	140.00	70.00
1014/2014/3014	1.16(e)	Basic filing fee - Reissue	300.00	150.00	75.00

图 5-6 美国专利缴费标准

对于国内官费的缴纳，目前有一项减缴政策，申请人如果符合减缴政策的条件，可以办理当年的费用减缴手续。2016 年，财政部联合国家发展改革

委发布了《财政部国家发展改革委关于印发〈专利收费减缴办法〉的通知》（财税〔2016〕78号），办法中规定了准予减缴的费用包括申请费（不包括公布印刷费、申请附加费）、发明专利申请实质审查费、年费（自授予专利权当年起6年内的年费，后面又修订为10年）和复审费。

申报专利费用减缴的一般操作步骤如下：

首先，申请专利费用减缴，需要到国家知识产权局专利事务服务系统（http://cpservice.cnipa.gov.cn）备案，企业应满足上年度应纳税所得额低于100万元，如果满足了条件，则在本年度中享受费用减缴政策，所以是否符合减缴政策需要按年审核，不通过审核则无法享受费用减缴。

其次，允许减缴的费用包括申请费（不包括公布印刷费、申请附加费）、发明专利申请实质审查费、年费（自授予专利权当年起10年内的年费）、复审费。例如，2019年完成了减缴备案，则在2019年当年享受减缴政策，在2019年内需要缴纳的申请费、发明实审费、自授权当年起10年内的年费和复审费，可以按减缴后的金额缴纳。

最后，关于减缴比例，单一申请人的专利减掉85%的费用，两个或两个以上申请人的专利减掉70%的费用，当然两个或两个以上的申请人享受减缴的前提是多个申请人应分别符合减缴的条件。

专利费用减缴的规定是一项政策，会根据社会发展和业务需求适时调整，需要及时关注专利减缴的政策变化。

非官费缴纳，主要是代理费、律师费等的支付，对于这些费用的缴纳时间、缴纳标准、缴纳途径等，没有统一的规定，需要与收款人协商，共同确定费用缴纳的具体问题。

对于缴费信息的管理需要记录费用类别、费用名称、缴费金额、缴费对象和应缴时间、实缴时间等信息。此外，还可以按单件专利或按时间范围查看应缴纳和已缴纳的费用等，即费用账单，以方便企业内部统计或与代理机构定期对账。

缴费的费项名称，也需要统一管理，如中国发明专利申请费900元，这些费项需要按专利类别、费项名称、专利类型、缴费标准、减缴标准等字段来记录，用于在记录费用数据时方便引用。

5.4.2 奖金管理

专利奖金管理是企业专利管理工作的一项重要抓手，通过设置合理的奖励体系，可以极大地提升发明人的积极性和创造性，进而提高企业专利申请的数量和质量，营造企业中浓厚的专利保护文化氛围。

企业中的专利奖金主要包括法律规定的奖金、社会奖金、自主设置的奖金等。

按照目前《专利法》第十五条和《专利法实施细则》第六章的规定，对于职务发明的发明人或设计人应该给予一定的奖励和报酬，就是之前提到的“一奖两酬”。“一奖”的具体规定是自专利权公告之日起 3 个月内发给发明人或者设计人奖金。一项发明专利的奖金最低不少于 3000 元；一项实用新型专利或者外观设计专利的奖金最低不少于 1000 元。“两酬”的具体规定是在专利权有效期限内，实施发明创造专利后，每年应当从实施该项发明或者实用新型专利的营业利润中提取不低于 2% 或者从实施该项外观设计专利的营业利润中提取不低于 0.2%，作为报酬给予发明人或者设计人，或者参照上述比例，给予发明人或者设计人一次性报酬；被授予专利权的单位许可其他单位或者个人实施其专利的，应当从收取的使用费中提取不低于 10%，作为报酬给予发明人或者设计人。根据法律中的这些规定，不同公司都会根据实际情况制定本公司的奖励方式和额度。

除了法律规定的企业要对职务发明人进行奖励以外，国家和地方政府还会有很多社会奖金，如国家级的中国专利奖、各地对发明人设置的奖励政策等，比如江苏省从 2016 年起设置专利发明人奖，2017 年进行了首次颁奖[1]，如图 5-7 所示。

---

[1] 朱煜．江苏召开省科学技术奖励大会 颁发首届专利发明人奖（图）[EB/OL].（2017-02-28）. http://www.sipo.gov.cn/dtxx/1106777.htm.

江苏召开省科学技术奖励大会 颁发首届专利发明人奖(图)

发布时间：2017-02-28　　大 中 小

江苏站讯　2月24日，江苏省委、省政府召开全省科学技术奖励大会，为首届专利发明人奖、省科技进步奖的获奖者颁奖。

图 5-7　专利发明人奖

除了法律规定奖励、社会奖励以外，很多企业还设置了本企业的自主奖励项目，如创意质量奖、授权质量奖、创意数量奖、授权数量奖等。

专利奖励制度设置合理，执行到位，会给企业带来实实在在的利益。比如上海某公司注重专利奖励措施，注重新产品、新工艺、新技术的研发与应用，制定了《专利奖励制度》，并每年召开一次科技创新大会，表彰其专利先进工作者和技术专攻、创新人才，对专利发明人员进行精神和物质奖励。每年召开两次持续改善项目评选大会，对各部门开展的改善项目进行评选奖励，总结分享改善过程中的经验与成果。这些措施给企业带来了直观收益，据 2015 年统计，该公司的各项创新改善活动已实现 2800 多万元的收益[1]。

专利奖金的设置和管理如果不到位，经常会引起专利纠纷，下面来看一个案例。王某是深圳一家公司的一名研发人员，也是专利发明人，离职后要求按照公司《专利管理奖惩细则》给予专利授权后奖励，但公司拒绝，由此引发专利纠纷。该案经过一审、二审和最高人民法院再审，最终判决公司应发放相应奖金。由于管理不善，导致专利纠纷，会给企业带来麻烦，不仅耗时费力，

[1] 李仁．激扬澎湃新动力系列报道：一项新技术增收 13 亿 [EB/OL].（2016-07-04）. http://news.shm.com.cn/2016-07/04/content_4496313.htm.

而且还会给企业名誉带来负面影响。

对于奖励信息的管理，主要包括奖励名称、奖励时间、奖励级别、奖励对象、奖励方式、奖金额度、是否已发放、发放时间等，特殊的奖励还需要通过奖金分配审批流程来确定奖金的分配方式和具体分配额度，如果有奖金发放的相关证明文件等资料，可以扫描后作为电子附件进行管理。

5.4.3 资助金管理

专利资助政策是地方政府对本辖区内专利申请人或专利权人给予的专利业务专项资助。

最早的专利资助政策由 1999 年上海市首次出台，此后全国各地、各级资助政策遍地开花，目前已经形成了主要由省级、地市级、县区级构成的三级资助体系，各地一般均已取消对专利申请的资助，只针对已授权的专利进行资助。如 2017 年安徽省知识产权局发布了《安徽省知识产权局关于进一步规范专利资助政策的通知》[1]，明确了“授权在先、部分资助”的原则，堵住了少数单位和个人套取财政资助资金的漏洞，优化了资金结构，促进了专项资金向专利运用、保护、管理和服务倾斜。

企业需要时刻关注所在县（区）、市和省级专利资助政策，各地大多数资助政策每年都会修订，在资助对象、资助条件、资助标准、申报时间、资助金发放等方面每年会有所调整。有的地方专利资助常年可申请、可审批，如湖南省长沙市。有的地方只集中在一年中的某个集中时间进行统一申报和审批，如山东省潍坊市。有的地方采用网上在线申报，企业资质的材料、企业可发起申报资助的专利记录、专利资助金额汇总、收据的开票等事宜都可以在系统中自动完成，这样可以节省企业很多办理手续和时间。有的地方还在采用纸件申报的方式，这样就需要企业准备很多纸质资料，如营业执照、专利证书、年费缴纳凭证等。

---

[1] 安徽省知识产权局 . 安徽省知识产权局关于进一步规范专利资助政策的通知 [EB/OL].（2017-06-07）. http://60.166.52.172:1000/dt2111111146.asp?docid=2111127132.

无论采用哪种方式进行资助，企业应积极对待，不要错过每年的资助机会，一般各地的资助会有一个时间段要求，如专利授权 12 个月内进行资助或每年的某个月份集中资助，所以一定要注意可申报资助的时间，不要错过。如图 5-8 所示的是杭州市滨江区 2019 年关于专利和软件著作权资助的申报说明[1]。

杭州高新区（滨江）科技局窗口专利与软件著作权资助办理标准及流程

来源：区科技局 发布时间：2019-01-03 10:23:40 点击率：2610

根据杭州市《杭州市人民政府办公厅关于印发杭州市专利专项资金管理办法的通知》（杭政办函〔2015〕141号）、杭州高新区（滨江）《关于进一步加强知识产权工作的实施意见》（杭高新〔2017〕66号）等文件规定，现将杭州高新区（滨江）科技局窗口专利与软件著作权资助办理标准及流程明确如下：

第一部分：杭州市发明专利及软件著作权资助申请及操作流程

一、资助对象及条件

杭州高新区（滨江）所属企业及滨江辖区内的国家、省、市企事业单位，及专利申请地址在滨江区的个人。根据杭州市管理办法有关规定，授权国内发明专利、软件著作权登记资助的期限自授权或登记之日起一年内，逾期不再资助。

2018年10月1日以后授权的发明专利，因市级政策到期，暂不受理资助申请。

二、资助标准

1．授权国内发明专利: 职务发明专利（第一专利权人为单位）5000元/件，非职务发明专利（第一专利权人为个人）2500元/件

2．软件著作权登记资助:300元/件（第一著作权人为单位）

三、申请材料

（一）发明专利

申报单位或个人根据专利资助的条件和要求登录杭州高新区（滨江）知识产权一站式管理服务平台（http://114.251.8.219/login.jsp）提交相关申报材料（详细操作见附件1）。

申报单位或个人应在提交网上申请后60天内提供申报材料纸质件（含申请表及资金收款凭据，附件从网上申报系统下载打印，企业用户加盖公章、个人用户签字按手印）。

图 5-8　专利资助政策

资助金信息的管理，包括资助级别、资助发放单位、资助类别、资助名称、资助时间、专利申请号、发明名称、申请日、授权日、资助金额等需要记录完备，方便后续统计和检索。

---

[1] 杭州高新区科技局．杭州高新区（滨江）科技局窗口专利与软件著作权资助办理标准及流程 [EB/OL].（2019-01-03）. http://www.hhtz.gov.cn/art/2019/1/3/art_1485818_29029196.html.

5.4.4 费用预测

费用缴纳、奖金管理、资助金管理三项管理中，主要涉及已经发生的费用。除了这些已发生费用的管理，还需要对未来可能发生的费用做好预测，可以为专利年度预算申报等方面提供数据支持，一般需要预测未来 1 ～ 3 年的费用支出和收入情况。

费用缴纳的预测，可以分为申请官费、代理费、年费几个部分。在每一件专利的单件费用标准方面，需要按发明专利、实用新型、外观设计、PCT 等进行细分，根据最近一段时间的费用作为预测基准，在预测国内申请费用时需要考虑未来是否享受减缴，如年费部分需要考虑现在自授权之日起 10 年内减缴的情况。在专利数量方面，需要统筹考虑存量专利和新增专利，新增专利需要按目前的专利新增趋势进行合理预测，最后按照专利单件费用预测标准和各类专利年均增量计算未来一段时间的费用支出情况。

奖金预测需要根据各类专利新增数量的情况进行预测，按照奖励的项目和单件奖励金额以及奖励项目的新增情况进行综合预测，如专利创意的新增趋势、专利授权的新增趋势等。

资助金属于费用的收入，需要按照资助的级别、资助标准计算未来一段时间的资助金获取情况。

总之，费用预测需要三个基本维度，一是预测的费用类别，二是单件的费用标准，三是未来发生费用的数量。所以需要对涉及费用的类别进行梳理和细分，这样预测结果就会更明了、更准确。单件的费用标准可以按当前费用标准计算。最后就是数量的问题，存量数据容易统计，主要是新增数据，需要根据之前一段时间的数据变化趋势预测后面的数量增加情况。

费用的数据预测不可能与以后发生的情况完全吻合，只能提供费用预算方面的参考，因为发生变化的参数有很多，如专利资助费用，后续资助政策是否还会持续有效，单件资助标准是否会变化等都会影响费用预测的准确度，但不影响对专利管理工作中涉及费用的管理方向预判。

5.5 授权管理

如果一件专利经过审查，没有发现驳回理由，应该予以授权，审查员将发出《授予专利权通知书》和《办理登记手续通知书》。接下来，企业将要办理专利授权的一些手续。企业在收到《授予专利权通知书》和《办理登记手续通知书》之后，应该及时办理专利权登记手续，简称“办登手续”，因为如果办登手续不完成，专利权将不会被公告，也就是不会生效，相当于申请人终止了申请，放弃了专利权的取得。办登手续其实很简单，不需要提交任何资料，只需要在收到通知书之日起2个月内，缴纳授权当年的年费即可。申请人办登手续完成之后，国家知识产权局对专利申请进行公告排版，登记和证书制作（目前默认颁发电子证书，需要纸质证书可以单独申请），如图5-9所示。以上事务处理完成后，会安排某个周二或周五进行授权公告，公告后，在信息化系统中应记录公告日期和公告号，方便以后查找和统计，从此这项专利权就正式生效了。在办登过程中，需要对期限进行监控，可以设置定时提

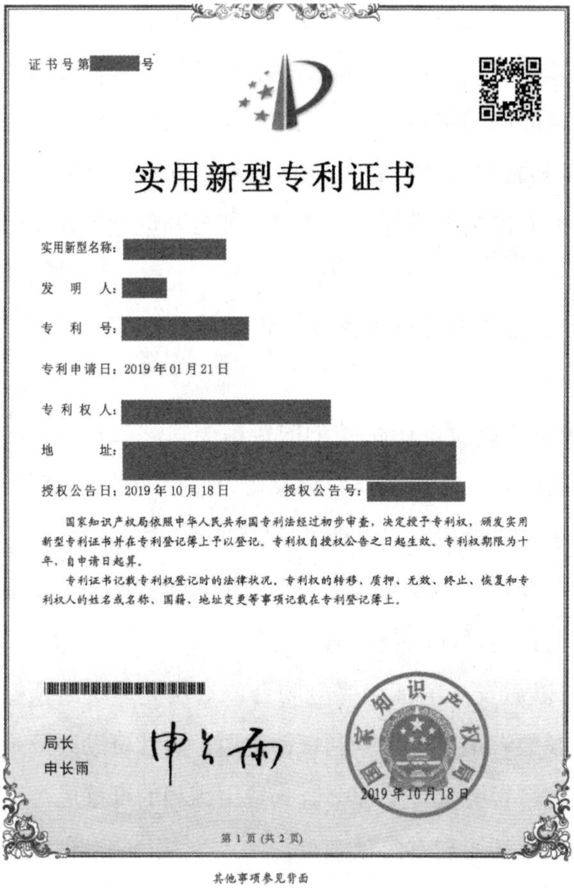
证书号第[redacted]号

实用新型专利证书

实用新型名称：[redacted]

发 明 人：[redacted]

专 利 号：[redacted]

专利申请日：2019年01月21日

专 利 权 人：[redacted]

地 址：[redacted]

授权公告日：2019年10月18日 授权公告号：[redacted]

国家知识产权局依照中华人民共和国专利法经过初步审查，决定授予专利权，颁发实用新型专利证书并在专利登记簿上予以登记。专利权自授权公告之日起生效。专利权期限为十年，自申请日起算。

专利证书记载专利权登记时的法律状况。专利权的转移、质押、无效、终止、恢复和专利权人的姓名或名称、国籍、地址变更等事项记载在专利登记簿上。

局长
申长雨

2019年10月18日

第1页（共2页）

其他事项参见背面

图5-9 专利证书示例

醒，同时将已经缴纳的费用记录至费用缴纳模块。

再来看一下专利证书，专利证书是专利权的证明，需要理解以下四点。

（1）专利证书仅代表颁证时的专利状态，即证明授权时间点这件专利是有效的，证书上记载的发明人、专利权人等信息也是授权时间点的发明人和专利权人，并不能证明这件专利的后续状态，因为后续有可能因为未缴纳年费而发生权利终止、发明人变更、专利权的转移、被全部无效等情况，想了解一件专利权的当前真实状态，需要查询国家知识产权局专利登记簿或查询最新的法律状态，结合年费缴纳情况综合判断。

（2）纸件专利证书损坏或丢失，不能补办，所以要妥善保管证书。很多企业收到证书以后会第一时间进行扫描，原件放入档案柜保管，专利证书扫描件的电子档文件名最好按照统一命名方式进行命名，方便后续查找使用。

（3）2020年2月份国家知识产权局发布《关于电子专利证书和专利电子申请通知书电子印章相关事项的公告（第349号）》，指出对于授权公告日在2020年3月3日（含当日）之后的专利电子申请，国家知识产权局将通过专利电子申请系统颁发电子专利证书，不再颁发纸质专利证书。如有需要，电子申请注册用户可以通过专利电子申请网站（http://cponline.cnipa.gov.cn）提出请求，获取一份纸质专利证书。也就是说，今后的专利证书一般为电子证书，除非提出申请可以发放纸质专利证书。以前的纸质专利证书一个专利一般只颁发一个，如果是多个专利权人，可以申请颁发多个，但总数不超过专利权人的数量，且其中的一本称为正本，其他称为副本。

（4）专利证书除了保管在档案柜中或电子系统中，还有一个重要的作用，就是制作“专利墙”，将所有或部分重点专利的证书做成“专利牌”，然后再将这些专利牌布置到企业的宣传展示区域，如挂到墙上，形成专利墙，可以起到对外展示宣传研发实力和对内营造积极进取的文化氛围作用。

如前所述，管理专利证书信息时，最好对电子版的专利证书文件名做统一规范，方便使用，如文件名为：申请号+申请日+发明名称+授权日。此外，还需要设计证书的批量导入和批量导出功能，方便办理项目申报、专利权许可或转让等后续事务时查找和使用证书。

5.6 文档管理

专利申请阶段涉及的文档特别多，主要是 Word、PDF 或图片格式。文档来源主要包括企业、代理机构、国家知识产权局等。对文档管理的基本要求就是可以方便地找到需要的文档并能顺利下载，所以就需要按时间、类别、来源等对文档进行分类管理。

首先，需要在每一件专利申请的管理模块中设置一项文档管理功能；其次，需要将文档进行分类标识，如按阶段和来源两个维度进行混合分类，按阶段分可以分成“申请文本”“通知书及答复”“专利证书”“相关文档”等大类；最后，每一类下面按以下格式对文档进行命名：申请号 + 时间 + 文件种类 + 文件名。比如：CN202080000672.6_2020.08.01_ 申请文件 _ 正式提交版 .docx，这样就方便按照“树状”的形式展现文档结构，每一类就是一个树状节点。下面，来看一下每一个节点中的文档主要有哪些内容。

申请文本，这一节点下面主要包括技术交底书文档、专利代理师或企业自行撰写的申请文档的各版本文档、《专利申请书》文档等。

通知书及答复，主要包括国家知识产权局发出的所有通知书文档及需要答复的答复内容文档，比如某件实用新型申请没有说明书附图，国家知识产权局发出补正通知书，然后针对该通知书提交补正文档；再如审查意见通知书和答复意见文档等，这些需要放在本类中进行管理。

专利证书，这个类别的内容比较简单，只管理专利证书，需要将之前的纸质证书扫描件和最新的电子证书按照上面提到的文件命名规则进行命名后上传管理。

相关文档，该节点可以上传一些以上三类中没有包括的文档，如向美国申请专利时，根据美国的专利制度，发明人或申请人需要向美国专利商标局提交与本申请相关的重要信息，这个要求有个专有名词——现有技术的公开声明（Information Disclosure Statement，IDS），包括说明书引用的在先专利文件等内容，目的就是帮助审查员审查这件申请。如果申请人明明掌握了一些相关文档，却刻意隐瞒，不提交这些信息，那么这件专利有可能不被授权。因为在美国专利法实施细则 1.56（a）中明确规定，“与专利申请的提交和起诉相关的每个人都有与专利局诚实接触的义务，其中包括向专利局披露该人所知对专利权具有重要意义的所有信息的义务”，所以，任何涉及欺骗或试图欺骗专利局或通过恶意或故意误导的方式违反披露义务的专利申请将不会被授予专利权。这一点与我国专利申请的要求不同，在管理美国专利案件文档时需要注意，所以在“相关文档”这个节点下可以设置一个二级节点，叫“IDS 文档”，可以将所有的 IDS 文档上传到这个节点进行管理。

对于文档管理模块中的这些文档，最好可以进行在线浏览，方便用户快速获取文档中内容，省去了下载再打开文档的步骤。

申请过程的信息化管理非常重要，具有承前启后的作用，这部分内容中关键问题包括立案中申请与创意的关系、不同申请之间的关系，通知书如何管理，费用管理中的缴费管理、奖金发放管理、资助金管理等问题，授权过程的管理，以及文档的管理。通过这些专项的管理功能，解决了申请过程的重要信息管理问题，可以将申请过程的数据存储好、管理好、使用好。

通过本章阅读，可以了解到在专利申请管理中需要重点关注的几个问题，包括立案管理、通知书管理、申请状态更新、费用管理、授权管理。申请管理中信息维度最多、关系最复杂，了解每个业务模块中的业务逻辑和关联关系，可以通过时间线的方式将以上几个重点模块进行串联管理，形成一个个的申请案卷，方便信息的及时处理和后续的数据管理。

第6章

专利权管理

专利权管理是专利管理中创意、申请、专利权三大部分中的一环。创意是企业内部过程管理，是开端；申请是企业与代理机构、国家知识产权局的交互过程，是关键；专利权是前两步创意、申请的结果，是目的。所以，对专利权的管理至关重要，是体现专利价值的环节，主要涉及专利权维持和专利权运用两方面内容。

6.1 专利权维持

专利申请通过审查之后会被授予专利权，这些被记载的技术方案将得到正式的法律保护，同时也成为企业真正的无形资产，但这份资产并不一定会一直拥有。因为专利权具有不稳定性，有可能被竞争对手“无效”掉，其根本原因是专利审查中检索对比文件具有一定的局限性，不能保证所有申请的对比文件都被正确检出，所以设置了一个无效程序，可以通过掌握的证据将已经授权的专利进行无效处理。此外，专利权是一项由法律授予的权利，专利权的维持是需要缴纳年费的，如果没有缴纳年费，专利权会被终止，因此在专利申请被授权后，这份权利并不是固若金汤，需要细心呵护。

6.1.1 缴纳年费

专利年费是用来维持专利权的一项收费，实施专利制度的各个国家都有缴纳年费的相关规定。

为什么要缴纳专利年费？因为缴纳年费是专利权人的一项义务，一般有两个方面的考虑：一是需要专利权人支付专利保护活动的行政成本。专利保护的受益人是专利权人，所以年费应成为这些行政成本的费用来源之一。二是增加专利权维持的成本。随着维持年限增长，每年需要缴纳的年费越来越高，如我国发明专利第一年 900 元，第 10 年是 4000 元，维持到第 16 年，则需要缴纳每年高达 8000 元的年费。基于持有成本的考虑，专利权人就会每年衡量是否需要继续维持此专利权，如果不继续缴费则专利权将进入公有领域，便于社会公众共享。

不同国家或地区的专利法对缴纳专利年费的规定不同，国内专利按年缴纳，每年缴纳一次。专利年费与专利保护的关系是“先缴费、再享保护”，属于“预付费”类型。年费需要按“专利年度”缴纳，从申请日开始计算，到下一个自然年的申请日所在日前一天为一个完整的专利年度。如一件发明专利申请日是 2018 年 5 月 1 日，则第一个专利年度是 2018 年 5 月 1 日到 2019 年 4 月 30 日。假如这件申请在 2019 年 8 月 1 日获得了授权，在办理授权登记手续的时候需要缴纳当年的年费即从申请日起算的第二年度的年费，第二年度的起止日期是 2019 年 5 月 1 日至 2020 年 4 月 30 日。第三年度的起止日期是从 2020 年 5 月 1 日至 2021 年 4 月 30 日，第三年度的年费需要在第二年度结束之前进行缴纳，即 2020 年 4 月 30 日之前，如果超过 2020 年 4 月 30 日还未缴纳下一年度的年费，还有 6 个月的滞纳期可以办理，但需要缴纳滞纳金，滞纳金的缴费标准是每超过规定的缴费时间 1 个月，加收当年全额年费的 5%。滞纳期后两个月内，如果有正当理由，可以缴纳恢复费同时补缴年费，这是最后一道补救措施，如果恢复期没有办理恢复手续，则专利权将会被终止。

目前执行的国内发明专利年费缴纳标准如图 6-1 所示。

实用新型、外观设计专利年费缴纳标准如图 6-2 所示。

1-3 年（每年）	900
4-6 年（每年）	1200
7-9 年（每年）	2000
10-12 年（每年）	4000
13-15 年（每年）	6000
16-20 年（每年）	8000

图 6-1　国内发明专利年费缴纳标准

1-3 年（每年）	600
4-5 年（每年）	900
6-8 年（每年）	1200
9-10 年（每年）	2000

图 6-2　国内实用新型、外观设计专利年费缴纳标准

国内年费是每年缴纳一次，有的国家是一次需要缴纳多年，如美国。如图 6-3 所示，美国发明专利在授权时需要缴纳一次费用，然后从授权日开始计算，需要在第 3 ～ 3.5 年缴纳一次费用，在第 7 ～ 7.5 年缴纳一次费用，在第 11 ～ 11.5 年缴纳一次费用，滞纳期和国内一样也是 6 个月，也需要缴纳滞纳金。

Patent Maintenance Fees					Back to Top
Fee Code	**37 CFR**	**Description**	**Fee**	**Small Entity Fee**	**Micro Entity Fee**
1551/2551/3551	1.20(e)	For maintaining an original or any reissue patent, due at 3.5 years	1,600.00	800.00	400.00
1552/2552/3552	1.20(f)	For maintaining an original or any reissue patent, due at 7.5 years	3,600.00	1,800.00	900.00
1553/2553/3553	1.20(g)	For maintaining an original or any reissue patent, due at 11.5 years	7,400.00	3,700.00	1,850.00
1554/2554/3554	1.20(h)	Surcharge - 3.5 year - Late payment within 6 months	160.00	80.00	40.00
1555/2555/3555	1.20(h)	Surcharge - 7.5 year - Late payment within 6 months	160.00	80.00	40.00
1556/2556/3556	1.20(h)	Surcharge - 11.5 year - Late payment within 6 months	160.00	80.00	40.00
1558/2558/3558	1.17(m)	Petition for the delayed payment of the fee for maintaining a patent in	2,000.00	1,000.00	500.00

图 6-3　美国专利年费缴纳标准

专利年费按每年缴纳一次的方式有两个优点，一是每次费用相对一次缴

纳多年方式费用低，不会给专利权人带来费用方面的压力；二是可以及时放弃价值度低的专利，企业可以及时评估专利的价值，如果认为某件专利已经没有继续维持的必要，则可以不再缴纳年费，从而放弃该专利权。

通过评估后主动不再缴纳年费属于主动停止缴费，就是说企业不想再投资维持专利的有效性，一般是因为专利的技术已经过时，专利的价值已经很小，与缴纳年费来比已经没有多少意义。所以，企业要随时评估专利价值，一项专利技术或一套专利技术的组合有没有价值、有多大价值，这是专利管理中很重要的一个问题。这个问题对两个方面有影响：一是决定是否继续缴纳年费来维持对该技术的保护；二是对后续专利运营提价值供量化依据，如专利许可、专利转让、作价投资等。价值评估目前有很多成型的方法，如成本法、收益法等，还有基于专利大数据的多维度自动评价系统，从专利是否被无效、是否有复审、专利类型、权利要求数量等一系列指标去评价一件专利的价值度。除了这些信息化的自动评估系统给出的结果，最重要的还是要采用内部专家评估的方法进行评估。因为技术、市场等专家才能更准确判断一项技术在一个产品中的作用以及会带来的市场收益，所以在进行专利的价值评估时，一方面要借助信息化系统自动给出评估结果用来做参考；另一方面组织企业内部的技术、市场等领域专家来综合评判一项专利技术或一套专利技术组合的价值，这样得出的结果才能更接近专利本身真实的价值。当然，专利的价值会随着时间的变化和市场的起伏发生波动，所以，需要定期对专利价值做评估，及时更新每一件、每一组专利的价值度。

除了主动停止缴纳年费以外，还有一种情况是被动停止缴费，就是说企业的意愿是想继续缴纳年费，以便维持专利权的有效性，但事实已经无法缴纳，包括以下三种情形。

（1）错过缴费时机。简单说就是忘记了本次年费的缴纳，且超过了滞纳期和恢复期，错过了缴纳年费的时机，再想缴纳年费时已经没有机会，所以这种情况导致了专利权因未缴纳年费而终止。如果是一件非常核心的技术，将给企业带来很大的损失。

（2）目标专利权消失。如专利权被竞争对手通过无效程序给全部“无效掉”了，专利权被无效相当于这件专利自始至终没有被授权过，所以也就没有了缴纳年费的基础。

（3）专利权到期。专利权已经到了法律规定的保护年限，如我国发明专利保护期限是从申请日起算 20 年，到了 20 年之后，专利权将自动失效，专利技术进入公有领域。

6.1.2 无效管理

在专利权维持过程中，如果一件专利技术比较基础，又很实用，其他企业为了达到相同的技术效果，就不得不采用受专利保护的技术，当其他企业不想支付专利许可使用费或根本就不可能得到许可时，往往就会针对这件专利向国家知识产权局提起无效请求，企图通过无效程序，将这件专利无效，避开专利的技术壁垒，这样就达到了既不缴纳专利授权费又能使用技术的目的。通过统计，近五年（2016—2020 年）三种类型专利无效案件审结 16475 件，其中发明专利 7188 件，实用新型专利 5651 件，外观设计专利 3636 件[1]，年度总量呈逐渐上升趋势，从 IPC 分类号来看，无效案件最多的前两个技术领域小类，即 F21Y 和 F21V，均是照明领域的专利技术。

要无效竞争对手专利首先要符合法律的规定，专利法和实施细则中共有 12 个条款可以作为专利无效的理由，采用哪一条或哪几条来无效专利还要具体分析专利的漏洞和已经掌握的证据。

无效理由的 12 个条款分别如下。

（1）《专利法》第二条：

“第二条　本法所称的发明创造是指发明、实用新型和外观设计。

发明，是指对产品、方法或者其改进所提出的新的技术方案。

实用新型，是指对产品的形状、构造或者其结合所提出的适于实用的新的技术方案。

外观设计，是指对新产品的整体或者局部的形状、图案或者其结合以及

---

[1] 数据统计来源于“中国知识产权大数据与智慧服务系统”。

色彩与形状、图案的结合所做出的富有美感并适于工业应用的新设计。”

这就是说，《专利法》保护的客体要符合法律的规定。

（2）《专利法》第十九条第一款：

“第十九条　任何单位或者个人将在中国完成的发明或者实用新型向外国申请专利的，应当事先报经国务院专利行政部门进行保密审查。保密审查的程序、期限等按照国务院的规定执行。”

这个条款是规定了保密审查原则，向外申请专利首先需要进行保密审查。

（3）《专利法》第二十二条：

“第二十二条　授予专利权的发明和实用新型，应当具备新颖性、创造性和实用性。

新颖性，是指该发明或者实用新型不属于现有技术；也没有任何单位或者个人就同样的发明或者实用新型在申请日以前向国务院专利行政部门提出过申请，并记载在申请日以后公布的专利申请文件或者公告的专利文件中。

创造性，是指与现有技术相比，该发明具有突出的实质性特点和显著的进步，该实用新型具有实质性特点和进步。

实用性，是指该发明或者实用新型能够制造或者使用，并且能够产生积极效果。

本法所称现有技术，是指申请日以前在国内外为公众所知的技术。”

这是非常常用的一条无效条款，就是授予发明和实用新型专利权的“三性”问题。

（4）《专利法》第二十三条：

“第二十三条　授予专利权的外观设计，应当不属于现有设计；也没有任何单位或者个人就同样的外观设计在申请日以前向国务院专利行政部门提出过申请，并记载在申请日以后公告的专利文件中。

授予专利权的外观设计与现有设计或者现有设计特征的组合相比，应当具有明显区别。

授予专利权的外观设计不得与他人在申请日以前已经取得的合法权利相冲突。

本法所称现有设计，是指申请日以前在国内外为公众所知的设计。”

这个条款是用于针对外观设计专利权的无效。

（5）《专利法》第二十六条第三款、第四款：

“第二十六条 ……说明书应当对发明或者实用新型作出清楚、完整的说明，以所属技术领域的技术人员能够实现为准；必要的时候，应当有附图。摘要应当简要说明发明或者实用新型的技术要点。

权利要求书应当以说明书为依据，清楚、简要地限定要求专利保护的范围。”

这两个条款也比较常用，针对申请发明或者实用新型专利应当提交的基本文件及其内容要求。

（6）《专利法》第二十七条第二款：

“第二十七条 ……申请人提交的有关图片或者照片应当清楚地显示要求专利保护的产品的外观设计。”

这个条款是针对申请外观设计专利应当提交的专利文件的要求。

（7）《专利法》第三十三条：

“第三十三条 申请人可以对其专利申请文件进行修改，但是，对发明和实用新型专利申请文件的修改不得超出原说明书和权利要求书记载的范围，对外观设计专利申请文件的修改不得超出原图片或者照片表示的范围。”

这个条款说的是专利修改的限制，修改不能超范围。

（8）《实施细则》第二十条第二款：

“第二十条 ……独立权利要求应当从整体上反映发明或者实用新型的技术方案，记载解决技术问题的必要技术特征。”

这个条款针对专利权利要求书的要求和对独权的规定。

（9）《实施细则》第四十三条第一款：

“第四十三条 依照本细则第四十二条规定提出的分案申请，可以保留原申请日，享有优先权的，可以保留优先权日，但是不得超出原申请记载的范围。”

这个条款规定了分案申请中的优先权，不能超范围。

（10）《专利法》第五条：

“第五条　对违反法律、社会公德或者妨害公共利益的发明创造，不授予专利权。

对违反法律、行政法规的规定获取或者利用遗传资源，并依赖该遗传资源完成的发明创造，不授予专利权。”

这个条款是对不授予专利权的情形，是否违法等的规定。

（11）《专利法》第九条：

“第九条　同样的发明创造只能授予一项专利权。但是，同一申请人同日对同样的发明创造既申请实用新型专利又申请发明专利，先获得的实用新型专利权尚未终止，且申请人声明放弃该实用新型专利权的，可以授予发明专利权。

两个以上的申请人分别就同样的发明创造申请专利的，专利权授予最先申请的人。”

这个条款是禁止重复授权原则。

（12）《专利法》第二十五条：

“第二十五条　对下列各项，不授予专利权：

（一）科学发现；

（二）智力活动的规则和方法；

（三）疾病的诊断和治疗方法；

（四）动物和植物品种；

（五）原子核变换方法以及用原子核变换方法获得的物质；

（六）对平面印刷品的图案、色彩或者二者的结合作出的主要起标识作用的设计。

对前款第（四）项所列产品的生产方法，可以依照本法规定授予专利权。”

这个条款是对不授予专利权情形的规定。

以上是支持专利无效的主要条款有12条，但又细分为很多法律情形，适用的范围比较广。很多专利都是经过多次无效审查才被无效掉的。例如，苏泊尔的大股东法国塞伯股份有限公司的一件专利“自动涂覆油脂的煎炸锅”，该专利历经 9 次无效审理，最终被国家知识产权局宣告全部无效。当然，专利权经过多次无效依然固若金汤的案例也有很多。又如一项用于数据处理系统的快闪电子式外存储方法及其装置，这件专利被无效过 16 次，却安然保护到 20 年专利权到期。还有一件专利，门锁面板及把手（H7296G），这个专利更是被无效达 24 次之多，但是无一无效成功者，专利权屹立不倒，稳稳当当地走完了 10 年外观专利权保护期。❶

在无效案件的管理中，还要注意以下信息的管理，一方面是被无效专利的信息，包括基本信息、权利人信息、授权时权利要求书信息；另一方面就是理由和证据信息，这个要与被提无效的权利要求一一对应，如独立权利要求使用专利法第二十二条进行无效，证据是证据 1 和证据 2 的组合，这里的“证据 1”“证据 2”是对证据单独管理后的编号。最后，就是对无效的庭审信息和结论要记录，比如合议组信息、口审信息，以及最后的无效结果。

有的案件在无效审理后，当事一方如有不服，可以向法院提起行政诉讼，由司法途径最终裁决。如当年影响很大的正泰诉施耐德专利侵权案件中，江苏正泰公司拥有实用新型专利，一种高分断小型断路器的专利权，江苏正泰公司发现施耐德公司的相关产品侵权，于是江苏正泰公司 2006 年 7 月向温州市中级人民法院提起侵权诉讼，施耐德公司就对这件专利进行无效请求，经过国家知识产权局无效审理后，维持有效，施耐德公司不服，向北京市第一中级人民法院提起行政诉讼，经过北京市第一中级人民法院和北京市高级人民法院两级法院的审理，最终还是认定专利权有效，这是无效专利的一条线。另外一条线是侵权诉讼，温州市中级人民法院在国家知识产权局决定专利权维持有效的结论下，判决施耐德公司赔偿正泰公司 3.3 亿元，施耐德公司不服，继续上诉至浙江省高级人民法院，最后经过浙江省高级人民法院调解，施耐德公司赔偿正泰公司 1.575 亿元。这里面的专利无效诉讼、侵权诉讼的两条时间线如图 6-4 所示。

---

❶ 刘兴彬．谁敢说没有无效不掉的专利？哪怕让你再来十次！[EB/OL]. [2017-07-25]. https://www.sohu.com/a/159782110_195414.

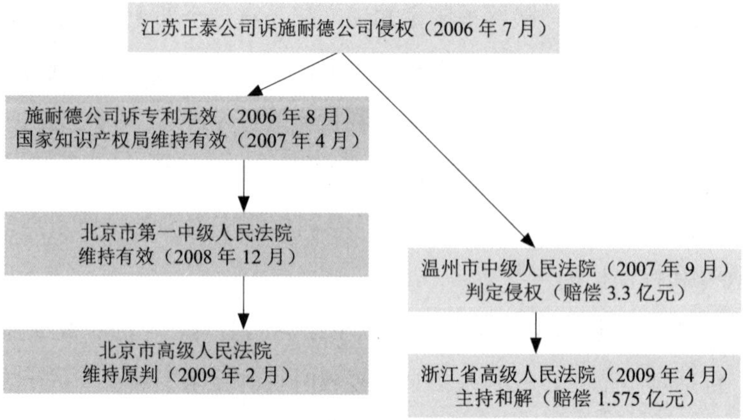

图 6-4 正泰诉施耐德案

对于这类无效案件，除了无效案件信息，还会有侵权案件信息在其中，这就需要对这个案件进行综合管理，即案卷包的方式进行管理，按照时间线将文件进行归档，便于查阅。

6.2 专利权运用

6.2.1 专利运营方式

专利具有技术价值和市场垄断价值，价值如何变现，就需要通过专利运营来实现了。如果专利授权后一直放在那里则只是一张技术记录文件，不会为企业产生任何价值，所以专利需要“用”起来。目前比较火的一个概念就是“专利运营”，狭义地讲专利运营就是对专利进行运作、盈利的活动，包括多种类型，如专利自实施、专利许可、专利转让、专利融资、作价入股、申报奖励、维权索赔等。

下面来了解一下企业中常见的专利权运用的几种方式。

1. 专利自实施

专利自实施是专利权人将技术在本企业中实际应用到产品或项目建设中去，也叫“专利产业化”“专利转化”等。通过将专利技术应用到产品上，可以更多地销售本公司产品或承建更多的项目来提升业绩，以此来实现专利价值的变现。目前，专利技术的自实施是我国专利权人最常用的一种专利运用方式。如重庆某药业有限公司在产品奥利司他上有 4 件发明专利保护，其中 1 件还在美国、日本、欧洲、韩国分别获得授权，从 2008 年上市至 2017 年，公司新增销售收入约 5 亿元，新增利润 7000 多万元。[1]

企业在专利技术自用时需要注意时机，如果尚未申请专利就将应用新技术的产品推向了市场，即使申请可以被授权，但已经上市的产品会成为被提起无效的直接证据。某家公司进行了一项技术创新，但公司不知道技术的效果到底如何，迟迟也没有申请专利，后来通过市场销售业绩证明，这项技术很好，消费者很认可，公司这时才将技术申请专利，与此同时，由于产品的市场反馈良好，已经有了仿制品出现。公司拿到专利授权之后，对几家比较大的仿冒公司进行了起诉维权，被起诉公司自然拿起了“无效”的盾牌，对这件专利提起了无效程序，并将市场最先出现的产品发票等作为证据证明这件专利的技术在申请专利之前就已经公开了，最后这件专利的权利要求被全部无效，该公司也只能有苦难言。所以在进行技术实施和产品推向市场的时候一定要注意先申请专利后实施。

对于自实施的专利，还需要注意专利标识的标注管理。在产品上标记专利标识是《专利法》赋予专利权人的一种权利,《专利法》第十六条第二款规定：“专利权人有权在其专利产品或者该产品的包装上标明专利标识”。《专利法实施细则》第八十三条规定：“专利权人依照专利法第十七条的规定，在其专利产品或者该产品的包装上标明专利标识的，应当按照国务院专利行政部门规定的方式予以标明。专利标识不符合前款规定的，由管理专利工作的部门责令改

[1] 张亦筑 . 4 件专利“傍身”一个产品卖了 5 亿元 . [EB/OL].（2017-02-16）. http://cqkp.cqnews.net/html/2017-02/16/content_40669410.htm.

正”。该实施细则中提到的“国务院专利行政部门规定的方式”，即 2003 年国家知识产权局发布的《专利标记和专利号标注方式的规定》，该规定第四条第二款明确了专利标记的内容为，“国家知识产权局授予专利权的专利号，其中‘ZL’表示‘专利’，第一、二位数字表示提交专利申请的年代，第三位数字表示专利类别，第四位以后为流水号和计算机校验位”。2019 年国家知识产权局印发《专利标识标注不规范案件办理指南（试行）》文件，规定了哪些情形属于专利标识标注不规范情形，所以，企业在产品上使用专利标识时一定要按照规范去执行。

在信息化管理中，专利实施环节的管理主要是创意、申请、专利权与产品之间的关联管理，不能割裂它们之间的时间顺序和关联关系。如在产品推出前需要先申请专利，就需要考虑与该创意关联的产品销售情况，如果创意尚未申请专利，而且产品即将推出，需要设置提醒功能，提醒注意专利申请后再面向市场推出产品。对于产品上是否应用了专利标识、专利标识图片等信息要在产品管理中体现出来，对于摸清本公司专利产品标识情况积累数据。

2. 专利许可

专利许可可以理解为将专利权“出租”出去，许可方式分为普通许可、独家许可、独占许可、交叉许可等。普通许可是将专利权分别许可给多家企业使用，当然专利权持有人也可以使用；独家许可是只许可给一家企业使用，同时专利权持有人可以使用；独占许可是只许可给一家企业使用，同时专利权持有人不能使用；交叉许可是两家公司分别向对方许可专利权使用，即许可是双向的。许可的时候可以设置许可的区域和时间，如只允许 A 企业在北京市范围内使用，时间范围是 2020 年到 2025 年。

以专利许可的方式进行专利运营，有很多成功的案例，比如 U 盘专利的持有人朗科公司。1999 年 11 月 14 日，朗科科技创始人邓国顺先生作为发明人申请了“用于数据处理系统的快闪电子式外存储方法及其装置”这一专利，并于 2002 年 7 月 24 日获得了授权，直到 2019 年完整地保护了 20 年。其主要发明内容就是将闪存和 USB 总线技术结合起来，创新了一个新的产品 U 盘。

朗科公司2019年上半年年报显示，该公司实现营业收入4亿多元，净利润为3000多万元，其中专利授权许可收入达1614万元。这就是一个通过专利许可实现专利价值变现的例子。

专利许可的时候，一定要签订合同，签订合同后可以到国家知识产权局备案。备案需要按2011年国家知识产权颁布的《专利实施许可合同备案办法》(局令第62号)的有关规定办理（http://www.cnipa.gov.cn/zcfg/zcfgflfg/flfgzl/zlbmgz/1020118.htm）。

普通许可、独家许可、独占许可都比较容易理解，我们重点看一下交叉许可。交叉许可就是两个公司互相许可专利，本质就是共享这些技术，一般会签订协议，在协议中会对共享专利的范围、年限、是否有偿等问题根据协议各方具体情况做出限定。交叉许可有时也成为公司间专利纠纷的和解手段。

在专利许可中，有一类特殊的许可，就是如果一件专利进入了某项国际标准或国家标准，成为标准中的某些技术条款，则这件专利被称为标准必要专利（Standard-Essential Patent，SEP）。当企业要贯彻这项标准进行生产产品时，也就必然会选择使用标准中的专利技术，则按这个标准生产产品的企业便得到了专利权的默示许可，但必须向专利权人缴纳许可费，专利权人应本着公平、合理、无歧视的原则（Fair, Reasonable, Non-discriminatory terms，FRAND）收取许可费，要一视同仁，不能搞差别对待。有一个美国IDC公司的案例。IDC公司在通信领域有很多专利，也有很多标准必要专利，实施同样一个标准，IDC向苹果、诺基亚等公司收取许可费的费率为0.019%，对华为公司的许可费费率却为2%，华为公司向法院起诉IDC滥用市场支配地位搞垄断，2014年广东省高院查明IDC公司许可给华为公司的费率是许可给苹果公司的百倍左右，是三星公司的10倍左右的事实，明显违反了FRAND原则，最后法院判决直接确定IDC公司在中国的标准必要专利许可费率为不超过0.019%。该案也成为我国首次适用FRAND原则判决的案例。

专利许可之前，还需要对专利做价值评估，确定专利价值，为专利许可的使用费确定提供数据支持。

对于专利许可信息的管理，需要重点关注专利类型、专利剩余保护期限、专利价值、许可对象、许可类型、许可区域范围、许可期限、许可费用与付款方式及许可合同等文档的管理。

3. 专利转让

专利转让就是将专利申请权或专利权“卖掉”。

这里面的专利申请权转让，就是从申请受理以后，到专利授权办理登记手续之前这一时间段进行的转让。因为专利申请还没有取得专利权，还属于申请阶段，所以这个时候转让属于申请权转让。办完了授权登记，取得了专利证书之后再转让，属于专利权转让。

企业转让自己的专利权不同于科研机构，一般都是在退出某个领域的时候进行的操作。如 2019 年 6 月，英特尔开始出售旗下 8500 项通信专利，其中有 8000 个移动蜂窝网络技术专利，500 个联网通信设备专利，英特尔为什么要转让自己的专利呢？因为苹果和高通和解了，苹果以后还是要用高通的技术，英特尔搞手机端的产品没有太多优势，所以英特尔宣布退出智能手机通信处理器市场，开始着手出售相关专利。

除了企业之间的专利转让，高校、科研院所向企业转让专利的情况也比较多，如 2017 年山东理工大学毕教授向某企业转让了“无氯氟聚氨酯新型化学发泡剂”专利，获得了 5 亿元转让费。

专利转让需要签订书面合同，必须到国家知识产权局进行备案之后转让才能生效，这一点与专利许可不同，因为专利许可无论许可给多少家公司，但专利权的权属还是属于当前的专利权人，没有发生变化，不会发生权属上的纠纷，所以不做许可合同的强制性备案。而转让则不同，如果转让不做备案的话，会在权属上存在纠纷的风险，所以必须要到国家知识产权局进行备案。

专利许可和专利转让的渠道，现在有很多，尤其是最近几年，国家大力发展知识产权运营事业，建设了很多知识产权交易平台，包括国家级的、地方级的、公益性质的、盈利性质的，林林总总，数不胜数。如国家知识产权运营公共服务平台、国家知识产权国际运营（上海）平台、泰州市专利运营双创服务平台等，有的平台是将待许可和转让的专利委托平台代为运营，有的平台支持 B2B2C 模式，像我们平时用的天猫等购物平台一样，企业可以在知识产权运营大平台上开通店铺，自己经营本企业的专利许可、转让等。

专利转让的信息管理需要重点关注与转让专利关联的产品信息、年费缴纳信息等。按照一般的合同规定转让后的专利年费将由新的专利权人进行缴纳，转出的企业将不再负责专利年费的缴纳，这就需要对已转让的专利权人信息、专利状态进行更新，防止缴纳年费误提醒。当然，对于从其他公司或高校“买入”的专利，也就是从外面转让过来的专利，要纳入年费缴纳提醒的范围，防止专利年费漏缴。同时，对转入的专利还需要与企业的产品信息进行绑定，对产品上应用的专利技术进行数据更新。

专利申请权或专利权转让案件的信息记录，主要包括涉案专利、转让对象、转让方式、转让金额、转让当年的年费缴纳人、转让方联系人、联系方式以及转让合同等文档的管理。

4. 维权索赔

如果本企业之外的其他企业生产的产品没有经过本企业授权，使用了本企业拥有的专利技术，则构成了专利侵权。法院认定专利是否侵权通常采用全面覆盖原则、等同原则、禁止反悔原则、捐献原则、先用权原则、实施公知现有技术不侵权原则、折衷原则、改劣发明原则、多余指定原则、反向等同原则等多个原则来进行判定。

举个例子，全面覆盖原则是一种常用的侵权诉讼判断规则，又称全部技术特征覆盖原则或字面侵权原则，就是说被控侵权的产品或者方法的技术特征与专利的权利要求所记载的全部技术特征一一对应并且相同，或被控产品或方法的技术特征包含在专利的权利要求所记载的全部技术特征的基础上，还增加了一些其他技术特征，就可以认定存在侵权性质的行为。例如，本公司有一项专利技术，记载了技术特征 A、B、C，有一家公司的产品技术特征也是 A、B、C 或者 A、B、C、D，则可以认定这件产品构成了对这件专利的侵权。

企业发现侵权行为，可以采用诉讼的方式进行维权。专利诉讼是一种侵权发生后纠纷解决的机制，也是体现专利制度特征的关键环节。专利权的取得是以公开技术方案的代价换来的，专利权受到侵害时，需要法律来保护。

采用诉讼的方式达到专利价值变现的案例已经司空见惯，尤其在专利侵权案件高发的领域，如通信领域。除了正常的企业维权，现在有一种企业，说是企业其实就是一个皮包公司，不生产任何产品，这类企业叫非专利实施主体（Non-Practicing Entities，NPE），通过收购一些专利在手里，专门靠起诉侵权企业获得赔偿为生，国外叫 PatentTroll，也叫“专利蟑螂”或“专利流氓”。当然，“专利流氓”是相对正常专利维权而言的，正常维权都是按照损失根据法律规定进行索赔，但“专利流氓”不同，它们以侵犯其专利技术为由，要求补偿巨额的赔款。例如，苹果公司在美国国内遇到了一起诉讼，一家公司起诉其 Siri 中使用的技术侵犯了其专利权，要求苹果公司赔偿 15 亿美元。“专利流氓”之所以都是狮子大开口，就是因为它们没有自己的实业，不进行研发和生产性活动，所以没有定量的损失，只能看人下菜碟，进行巨额索赔。

在我国，除了到法院起诉侵权人，还有一条途径就是行政执法，也就是各地知识产权局或市场监督管理局负责的知识产权执法职能，这是我国知识产权保护的特色，形成了“司法 + 行政”两条途径的保护格局。

企业在管理好自身专利不被其他企业侵权的同时，也要确保自身产品不侵犯别人专利权。所以对于专利诉讼的信息管理，一般包括主动发起的侵权诉讼和被动地接受他人发起的侵权应诉。在管理诉讼案件信息时，除了诉讼对象、应诉策略、诉讼文件、诉讼结论等信息，还应关注诉讼涉及的专利技术方案与产品的覆盖范围，受诉讼影响的所有产品品类、型号及诉讼文档等信息。

5. 其他类型专利运营模式

除了以上几种常见类型的专利运营模式，还有将专利评估价值作价入股，到银行抵押贷款等方式。2017 年，由武汉工程大学徐慢教授带领的陶瓷膜科研团队，以研发的 8 项碳化硅陶瓷膜技术及专利，作价 2128 万元技术入股，与鄂州市昌达资产经营有限公司组建湖北迪洁膜科技有限公司。再如，2019 年广东某科技股份有限公司用 5 件专利做质押，获得了 3 亿元授信额度。

总之，企业在管理专利权运用信息时，主要需要关注权属变化、年费缴纳、与本公司产品的绑定和解绑等操作。

6.2.2 专利运营平台介绍

从 2014 年被业内称为“专利运营元年”开始，专利运营越来越火爆，我国在专利运营领域掀起了一大波浪潮。首先，国家知识产权局会同财政部以市场化方式开展知识产权运营服务体系试点建设，每年批复一批知识产权运营试点城市，每个城市给予 1.5 亿元费用资助，建设期为 3 年。同时，全国各类知识产权运营平台纷纷上线，如先后在北京建设了国家知识产权运营公共服务平台，在珠海建设了国家知识产权运营公共服务平台金融创新(横琴）试点平台，在西安建设了国家知识产权运营军民融合特色平台，在上海建设了国家知识产权国际运营(上海）平台等，逐步形成了丰富的知识产权运营服务体系。此外，除财政主导的运营平台外，还有很多民营企业运营的平台，各类知识产权运营平台可谓遍地开花，如雨后春笋。

1. 国家平台

国家知识产权运营公共服务平台(http://www.sipop.cn)，简称“国家平台”，是由国家知识产权局牵头，会同财政部共同发起的试点项目，该项目的建设背景是基于国家“十三五”规划中“加快建设全国知识产权运营交易和服务平台，建设知识产权强国”的重要工作部署，是国家“1+N”知识产权运营体系的核心载体，设计为专利转移转化、收购托管、交易流转、质押融资、专利导航等提供平台支撑，提高专利运用效益。

国家平台中包括供需大厅、服务集市、创客空间、政策法规等版块，企业在此平台上可以获得相关政策信息，还可以使用专利检索等公共服务，最重要的是可以在平台上开设知识产权店铺，将本企业的专利进行上架销售。

更多的功能，读者可以访问平台进行体验，图 6-5 是该平台的首页截图。

图 6-5 国家知识产权运营公共服务平台

2. 中知路平台

国家知识产权国际运营（上海）平台（http://www.sinoip.net/），简称“中知路平台”，是国家平台的一个分平台，是立足上海、服务全国、联通世界，以知识产权跨境交易、金融创新、重点产业运营、知识产权布局及应用保护为核心功能的知识产权国际运营服务平台。中知路平台上提供的服务包括专利、商标、著作权等 9 类知识产权的交易服务、知识产权大数据服务、网上竞价、双向挂牌、海外预警与维权等服务。

在中知路平台上，企业也可以申请开通企业知识产权店铺，将本企业的专利等知识产权资产在线交易，同时，平台中还有多家专业的知识产权服务机构入驻，如 IP 咨询、IP 托管、IP 运营开发、IP 需求开发、质押融资、资本运作、运营基金等服务，为企业解决知识产权方面的各类需求。

图 6-6 是中知路平台上专利商城的页面截图。

图 6-6 国家知识产权国际运营（上海）平台

3. 苏州智能制造平台

除了上面提到的全国性运营平台，还有许多地方性或园区性的专业性运营平台，如苏州市智能制造产业知识产权运营中心线上系统（http://114.220.73.123:8081/），简称“苏州智能制造平台”。

该平台主要是为苏州市智能制造产业中的企业知识产权运营提供具体的服务，内容包括交易信息展示、智能制造专题库、政策中心、知识产权服务机构和智能制造相关企业展示等。这种小而精的运营平台对某个具体产业中的企业来说也是一个不错的展示专利和获取相关服务的选择。

图 6-7 是苏州智能制造产业知识产权运营中心线上系统上专利展示页面截图。

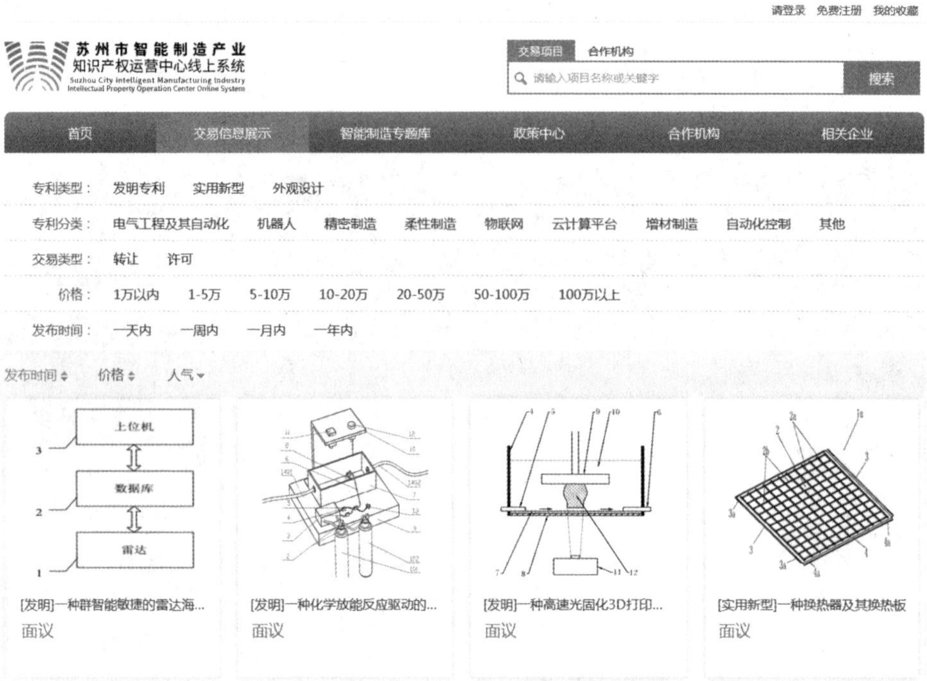

图 6-7　苏州市智能制造产业知识产权运营中心线上系统

6.2.3　在线运营的必要信息

企业如果自建专利交易平台，需要考虑好完整的数据模型。尤其是在专利的许可、转让等交易过程中，要准备好完整的信息，以便可以更好地完成交易对接。因为专利商品本质上是一套受法律保护的技术方案，不同于常规的实物商品，是一种无形的商品，需求方在采购的时候需要全方位地了解该专利商品的情况，才能确定技术方案是否满足需求，法律保护是否稳定等，也才能进一步促进交易的达成，即用有效的数据信息去消除需求方的疑虑。

专利商品的特殊性在于是靠文字图片描述的技术方案，所以要向需求方提供更全面更及时的信息，使无形的技术方案更加确定、更加立体化，才能增强需求方在线购买的信心。因此，采用专利说明书数据、专利法律状态数据、专利复审、无效数据、专利缴费数据、裁判文书数据、企业工商数据、运营数据、专利审查过程数据、综合数据等 9 类数据构建了以下专利商品的在线运营数据模型，如表 6-1 所示。

表 6-1 专利商品标准化数据模型

数据维度	数据项	数据项作用	数据来源
技术信息	发明名称	可采用专利的发明名称，也可以重新拟定一个名称，便于用户理解，如“自动洗车机”	专利说明书数据
	所属行业	标识待交易专利的技术应用领域，便于用户筛选	运营数据
	申请号	申请号是专利的唯一标识，用于获取该件专利关联信息的索引	专利说明书数据
	专利类型	标识专利种类的信息	专利说明书数据
	申请日	标识专利申请的时间，可根据该日期快速获知专利权剩余的最长时间	专利说明书数据
	摘要	可采用专利的摘要信息，也可重新拟定一个摘要信息，简要介绍技术方案及应用效果	专利说明书数据
	独立权利要求	介绍专利的基础技术方案及保护范围	专利说明书数据
	全文信息	包括著录项目、权利要求书、说明书、说明书附图等内容，用户可详细了解该件专利的权利要求、说明书等技术细节	专利说明书数据
	技术成熟度	用研发、试生产、小批量生产、大批量生产等标识出技术目前的成熟度	运营数据
	技术应用信息	可采用图片、视频等方式介绍技术的实际应用案例和效果	运营数据
保护信息	法律状态信息	调取官方公布的法律状态信息，用户可了解重要状态变化的时间节点	专利法律状态数据
	年费缴纳	调取年费缴纳记录，用户可进一步确认该件专利的维持状态	专利缴费数据
	审查过程信息	审查过程信息，尤其是审查意见通知书信息，可帮助用户鉴别技术方案的保护范围和权利的稳定性	专利审查过程数据
	历史被无效记录	用于帮助用户了解专利权的稳定性及市场价值	专利复审、无效数据
	历史被侵权记录	用于帮助用户了解专利权的稳定性及市场价值	裁判文书数据
	多国保护信息	用于帮助用户了解技术在国外的布局情况，为产品出口保护提供参考	专利说明书数据

续表

数据维度	数据项	数据项作用	数据来源
权属信息	原始申请人	用于了解专利创造的主体信用，研发实力，技术专长等信息，还可提供企业的工商信息，对该申请人做进一步了解	专利说明书数据 企业工商数据
	当前权利人	用于了解当前专利持有人的主体信用，研发实力，技术专长等信息，还可提供企业的工商信息，对该申请人做进一步了解	专利法律状态数据 企业工商数据
	历史转让记录	用于了解该专利商品被转让的记录，用户可掌握技术的市场空间、竞争关系等	专利法律状态数据 企业工商数据
	历史许可记录	用于了解该专利商品被许可的记录，用户可掌握技术的市场空间、竞争关系等	专利法律状态数据 企业工商数据
	历史质押记录	用于了解该专利商品被质押的记录，用户可了解技术的市场价值等	专利法律状态数据
评价信息	浏览量	用于了解该件专利的需求情况	运营数据
	收藏量	用于了解该件专利的需求情况	运营数据
	价值评估	采用自动评估的方式给出专利价值评分、市场估值等，供用户参考	综合数据
	类似商品	根据相似性算法，推送同领域的相似商品供用户参考	运营数据
	用户评论	用户的评价，类似于实物交易平台中的用户评价	运营数据
服务信息	交易流程	给出清晰的平台交易流程，需要交易三方准备的资料等，确保流程规范	运营数据
	交易保障措施	给出交易保障措施的说明，如“合同监控”“代办手续”“终止交易条款”等	运营数据
	运营方式	给出转让、许可、融资等明确的运营方式	运营数据
	配套技术支持及承诺	给出该件专利技术的配套技术支持说明	运营数据
	联系信息	提供平台的即时通讯、电话、邮件等联系信息，需求方有需要可以随时沟通	运营数据

数据模型采用了大数据处理技术，涉及 5 个维度、31 个数据项和 9 类数据源。5 个信息维度从 5 个方面对专利商品及交易过程做了信息拆分，其中：

技术信息维度主要解决确定待交易专利的技术真实性、先进性和实用性，描述的是技术本身的信息，即描述这项专利真实存在，技术方案及其创新之处，以及实际应用效果，使需求方充分了解该专利的技术是否适用。

保护信息维度主要描述待交易专利商品的专利权状态，包括最新法律状态，最新缴纳年费情况，以及被无效的历史记录等，使需求方清晰判断该件专利的专利权稳定性。

权属信息维度主要描述专利商品的所有人信息，通过工商数据、信用数据等了解专利商品的当前持有人，被许可人等信息，便于需求方了解卖方的情况和该技术的市场潜力。

评价信息维度是从专利商品的外部给出的对该件商品的评价内容，如价值的自动评估、用户评论、收藏量等，辅助需求方做出是否购买的决策。

服务信息维度是对交易过程及保障的描述，如果缺失，即使专利商品本身已经足够好，也会对用户进一步交易产生障碍，甚至产生对平台的不信任感。

以上说明的专利交易必备信息涉及技术本身、法律保护、权属变化、三方责任等内容，力求用大数据技术为需求方挖掘更多的技术价值、法律价值和经济价值，使企业在专利交易中可以展示更多的商品细节，更好地促进专利商品的交易达成。

通过本章阅读，读者可以了解专利权管理阶段的两大问题，一是专利权的维持，包括年费缴纳和无效诉讼两部分信息的管理。二是专利权的运用，这也是企业专利管理工作的价值体现点之一，需要对专利权和本企业的产品做关联管理，介绍了专利自实施、专利许可、专利转让、维权索赔等每一类运营模式中的信息化重点关注内容。同时还可以了解目前国内几个典型的知识产权运营平台情况，以及企业自建专利交易平台时应该从哪些信息维度去准备数据，以期能够更加顺利地完成在线交易。

第7章

消息提醒

在专利管理工作中有很多时效性很强的工作，需要及时处理，如果任务超期则会产生不利影响，消息提醒就显得尤为重要。如流程待办提醒、缴纳年费提醒等，本章重点分析几类常用的消息提醒问题。

7.1 流程审批提醒

在“流程审批管理”一章中，我们介绍了几项重要的审批流程，这些审批流程在执行过程中需要多个不同角色的用户参与，为了让各位审批人都能及时地接收和处理流程，让被抄送的用户可以及时了解流程进度，需要对流程各节点涉及的用户设置提醒功能。在流程流转过程中，应该及时通知提醒下一个节点执行人，防止处埋不及时。如果是有期限的节点，在提醒时应该注明可办理的天数，还可以设置多次提醒和超期自动处理机制。例如，一个流程在某个审批节点，设置一个办理时限，超过时限就需要通知主办人，超过一定时间后仍未办理，就启动自动处理机制，如自动同意、自动驳回等。

对于提醒的内容，主要包括流程的名称、处理期限、办理地址等，如可以向相关节点的执行人发送消息提醒：“您有一条创意审批流程需要处理，需要在 ×××× 年 ×× 月 ×× 日之前办理完成，本节点可办理时间剩余 3 天，您可以登录 ××× 系统进行处理。”

7.1.1 通知书答复流程提醒

通知书的答复一般会有规定的期限，从国家知识产权局直接获取的通知书或从代理机构接收到转送的通知书后，应立即启动“通知书答复审批流程”，并且需要在流程中设置消息提醒。

通知书的答复期限，除了官方有规定的最后期限，最好设置一个内部期限，为最后向官方提交留出余地。如果内部期限到期后发现答复内容仍有问题，还能有一定的补救空间。一般官方指定的期限如果过期之后还有一个救济措施，就是在到期日开始的两个月内，提出恢复申请并缴纳恢复费，可以恢复办理。

提醒的内容主要应包括专利申请号、通知书名称、发文日、处理期限、办理地址等。比如可以向任务负责人发送消息提醒：“您有一条CN202010185507.4 第一次审查意见通知书需要处理，通知书发文日：2020 年 8 月 1 日，本节点可办理时间剩余 3 天，您可以登录 ××× 系统进行处理。”

7.1.2 缴费流程提醒

缴费提醒一般包括官方费用和代理费等非官方费用的缴纳提醒，官方缴费的内容大多会伴随相应的缴费通知书而来，如“缴纳申请费通知书”，会具体通知缴纳的费用名称、缴费金额、是否有减缴、缴费期限等信息，这些缴费信息的处理需要设置审批流程，处理方法与上面的“通知书答复流程提醒”类似。

代理费等非官方收取的费用是企业与代理机构之间约定的缴费项目，缴费时间和期限需要根据企业与代理机构的协议执行。有的企业在撰写阶段就需要缴费代理费，有的企业是分阶段缴纳，如发明专利公开后缴纳一部分，授权后再缴纳一部分；对于这种比较灵活的缴费方式，在消息提醒上也要灵活设置，如一个季度提醒一次或半年提醒一次等。

对于缴费提醒，提醒的内容主要包括专利申请号、费用名称、处理期限、办理地址等。比如可以向任务负责人发送消息提醒："您有一条代理费缴费信息需要处理，可办理时间剩余 3 天，您可以登录 ××× 系统进行处理。"

7.2 定时任务提醒

7.2.1 年费提醒

年费提醒是非常重要的一类缴费提醒，所以有必要单独设置一类"年费提醒"进行管理。

专利年费一般按年度缴纳，每年缴纳一次或一次缴纳多个年度费用。年度的概念就是从申请日开始计算，到下一年的申请日所在日期前一天为一个完整年度。如申请日是 2019 年 2 月 19 日，那么第一个年度就是指 2019 年 2 月 19 日到 2020 年 2 月 18 日这一阶段，第二、第三年度以此类推。

年费提醒要具体提醒到申请号、发明名称、专利类别、专利权人、应缴费的年度、是否享受减缴、应缴费金额、缴费期限、滞纳金期限、滞纳金金额等。

在进行年费提醒时，首先要确定需要做年费提醒的尚处于有效状态的专利数据范围，重点对已经转让、独家许可、独占许可等专利的缴费人进行确认，确认缴费人是否还是本企业，是否需要放入提醒范畴，防止漏提醒导致没有缴费。下面这个案例就发生了这种情况。

牟先生、李先生于 1999 年取得了"沼泽红假单孢菌制剂的制备方法及用途"的发明专利权。2006 年 10 月 14 日，两人代表自己所在单位某农业大学动物科技学院与该大学动物科技学院生物制剂厂签订了《专利技术转让协议》，协议约定将此专利独家许可给制剂厂实施使用，技术使用费用为每年2.6万元，转让期限为 2006 年 1 月 1 日至该厂不再生产为止。2007 年 3 月，国家知识产权局向李先生发送《专利权终止通知书》，载明：该专利权于2006年7月27日因2006年度的专利年费和滞纳金未依法缴纳而被终止。2008年起，制剂厂也再未向牟先生、李先生支付技术许可费。由此，双方发生纠纷，牟先生、李先生认为是制剂厂未按时缴纳专利年费导致专利权终止而造成损失，遂将该厂告上法庭，诉请法院判令解除《专利技术转让协议》，被告停止使用该专利并支付专利技术费7.8万元、损失30万元。庭审中，原告方称双方曾口头约定，专利年费由制剂厂缴纳，专利权终止后，多家企业开始免费使用该技术而造成了很大的损失。而被告则对此予以否认，称专利年费当然应由专利权人缴纳。原被告双方围绕专利权的效力、合同的性质和效力、法律责任的承担等问题，从案件事实、法律适用方面进行了举证和辩论。但无论哪方获胜，对于专利权的恢复已经没有任何意义，年费漏缴的关键问题在于没有明确约定且用书面的方式约定年费缴纳义务人，所以，企业在遇到此类情况时一定要用书面的方式将缴纳年费的责任方明确下来，对于已经形成协议的许可等，如果界限模糊，需要商谈明确，同时跟踪年费的缴纳情况，防止发生专利权终止的事情，导致更大的损失。

再有就是，在做专利年费缴纳提醒时，还要对专利是否享受减缴进行确认，如果享受减缴，还需要将减缴前和减缴后的费用全部呈现，对于后期统计减缴费用提供数据基础。

7.2.2 数据推送提醒

1. 数据推送的意义

专利管理中需要大量的外部数据为管理工作提供自动化基础、信息源和决策支撑，主要包括资讯数据、法规数据、专利信息数据、复审决定数据、无效决定数据、司法判决数据、行政执法数据、产品和项目数据等。

采用数据推送的方式减少了数据录入的时间，降低了获取信息的难度，提高了工作效率。在企业中时间就是金钱，效率就是生命。企业经营中，虽然人才、产品品质、企业文化、丰富资源等这些非常重要，但效率更是特别重要。当今的互联网时代，各行各业发展越来越快，企业慢一步，就会差之千里，耽误一时，就可能错过一个行业“风口”而落后同行，商场如战场，时间就是市场竞争的机会，这绝不是虚言。举个例子，2019 年国内发明专利申请量为 140.1 万件，实用新型申请量为 226.8 万件，外观设计申请量为 71.2 万件，三种专利合计申请量 438.1 万件，按国民经济行业 97 个分类计算，按全年每天 24 小时连续申请累计，每个行业每个小时有 5.1 件专利在申请，这个时间上的紧迫感还是很强的，比竞争对手慢一点，竞争对手可能就已经将一些技术方案申请了专利，使企业后续技术发展的乏力。

基于专利管理工作的效率考虑，数据推送具有以下三方面意义。

（1）节省了“找数据”的时间。数据推送会有固定的数据源，这些数据源可能是多个数据的集合，经过了加工整合，且更新机制会有保障。如各国的专利说明书和法律状态数据，同族数据、引证数据等，数据源更新后会第一时间将数据推送到订阅的客户端，对于专利管理人员来说，就不需要到各国的专利局网站去查找这些数据，从而节省了“找数据”的时间。

（2）节省了“整理数据”的时间。提供推送的数据源一般经过自动采集后人工加工或直接人工分析和处理，这些数据加工包括数据的格式加工和内容深度加工及数据质检，排除了数据中的错误，并对数据内容进行了深度的标引，如专利技术用途的标引、关键词的标引、中药专利的方剂标引等。这些数据推送到用户手中就是成品数据，质量很高，已经包含了大量有效信息，一般不需要用户再去花时间加工和处理数据，所以节省了“整理数据”的时间。

（3）节省了“录入数据”的时间。推送数据一般可以采用数据接口的方式将数据直接推送到专利管理的信息化系统中，如发明专利公开后的说明书数据或每一条专利的法律状态数据都会推送到对应的专利记录中，这就省却了人工录入数据的时间，数据量小的时候感觉不太明显，但数据量大的时候人工录入还是一件比较耗费工作量的事情，而且人工录入还有录入错误的可能，采用数据推送的方式降低了数据录入错误的风险，也节省了“录入数据”的时间。

因此，数据的推送很大程度上帮助专利管理人员从数据获取、数据整理和数据录入等方面节省了时间，从而提高专利管理的工作效率。

2. 资讯推送

资讯数据主要包括行业新闻和竞争对手资讯。

行业新闻主要是专利及知识产权方面的国家政策、地方政策、发展动态等内容，这些内容可以在一些官方网站、垂直行业网站中获取，如国家知识产权局官网、地方市场监督管理局（知识产权局）官网中的特定栏目等，这些都可以作为数据订阅的范围。从行业新闻中主要可以获取国家和地方涉及专利的重大知识产权政策、通知公告、培训会议、典型案例等内容，如“关于强化知识产权保护的意见”政策、地方知识产权局“关于专利资助的通知”等，这些资讯为企业专利管理工作提供工作导向、思路和行动指南。

竞争对手资讯重点关注竞争对手官方网站、微信公众号、微博等渠道新发布的企业新闻、产品信息、项目建设信息、合作信息，尤其是产品信息和合作信息，通过分析这些数据可以了解和跟踪竞争对手的产品情况、技术应用情况、合作情况等。图 7-1 是某企业官方网站中关于专利的新闻资讯。

资讯数据需要至少每天更新 1 次。

公司新闻

热烈祝贺我司获得12项实用新型专利

在[redacted]公司全体研发人员不懈努力下，公司产品稳定的运转。低故障率，低维护费，低运营成本，高效率，高品质的售后服务，高性价比的产品，受到广大客户的一致好评！

公司秉承快乐、高效、创新、利他的理念，使得[redacted]的业绩突飞猛进的增长，目前的市场遍及全国各地。

近期，[redacted]又荣获一种三相交流回馈电抗器、一种三相交流滤波电抗器、电源滤波器、正弦波滤波器、一种三相交流输入电抗器等13项“实用新型专利证书”，新年伊始，我司就喜讯频传！这次专利证书的获得是我司综合实力的一种表现，也为我司以后在投标等各项事务中提高了竞争力。从近年来不断传来的喜讯中不难看出，我司正在迅速崛起。

在以后的工作中，[redacted]的每一位同事在日常工作中必将充满激情，因为种种迹象表明我司都在快速发展、强大，我司的明天将更加辉煌！在电能质量综合治理方向，[redacted]有专业的技术人员为您量身订制个性化解决方案，[redacted]--值得信赖！

图 7-1 资讯数据推送

3. 法规推送

法律法规数据包括法律、行政法规、国务院部门规章、地方性法规、地方政府规章、司法解释等。这些数据对企业专利管理工作来说也很重要，定时推送法律法规数据，可以及时把握法律方面的变化，即“规则”的变化，为企业规避法律风险提供信息指引。法律法规数据内容主要包括法律名称、发布部门、发布时间、正文内容等信息。图 7-2 是两个版本的专利法数据比对图，用于提示企业后续的法律变化情况。法律法规数据每月需要推送 1 次。

《中华人民共和国专利法修正案（草案）》征求意见稿

修改条文对照表

现行专利法	征求意见稿
第一章 总 则	第一章 总 则
第一条 为了保护专利权人的合法权益，鼓励发明创造，推动发明创造的应用，提高创新能力，促进科学技术进步和经济社会发展，制定本法	第一条 为了保护专利权人的合法权益，鼓励发明创造，推动发明创造的应用，提高创新能力，促进科学技术进步和经济社会发展，制定本法
第二条 本法所称的发明创造是指发明、实用新型和外观设计 发明，是指对产品、方法或者其改进所提出的新的技术方案	第二条 本法所称的发明创造是指发明、实用新型和外观设计 发明，是指对产品、方法或者其改进所提出的新的技术方案

图 7-2　法律法规数据推送

4. 专利信息推送

专利状态的更新中，很多状态值是由系统自动更新的，不需要人工操作，所以当案件状态有变化时，应及时通知相关人员，如申请被公开，申请状态应该自动更新为“已公开”，状态变化后应提醒相关人员。如果企业的专利数量很多，每天都会有很多专利的状态发生变化，这就需要进行批量提醒、分类提醒等，如有哪些专利状态更新成了“实审中”，哪些状态变成了“已授权”等，不需要逐条提醒。以上这些提醒都依赖于专利信息的数据推送。

专利信息的数据推送主要用于本企业新公开或新授权专利说明书全文获取和竞争对手的专利监控以及所有专利法律状态的变化监控。国内专利数据目前是每周二、周五公开或公告，这些公开或公告的数据内容包括著录项目和说明书全文等，还包括专利事务数据，也就是法律状态信息的更新。国外专利数据根据获取渠道不同，更新频率有所不同。

为了推送的数据可以得到更细致的应用，推送的数据字段应尽可能地细化。如日期字段，应包括申请日、公开日、进入国家日、最早优先权日等；号码字段，应包括申请号、公开号、优先权号、国际申请号等；分类号字段，应包括 IPC 分类号、CPC 分类号等；相关人字段，应包括申请人、申请人地址、发明人、专利权人等，如果有人工标引加工的字段也应该一并推送，如关键词数据、功能和效果数据、重新改写的发明名称和摘要数据等。如图 7-3 所示，这是自动推送的专利全文 PDF 数据的扉页截图。

专利信息数据的推送国内数据应每周推送 2 次，国外数据至少每月推送 1 次。

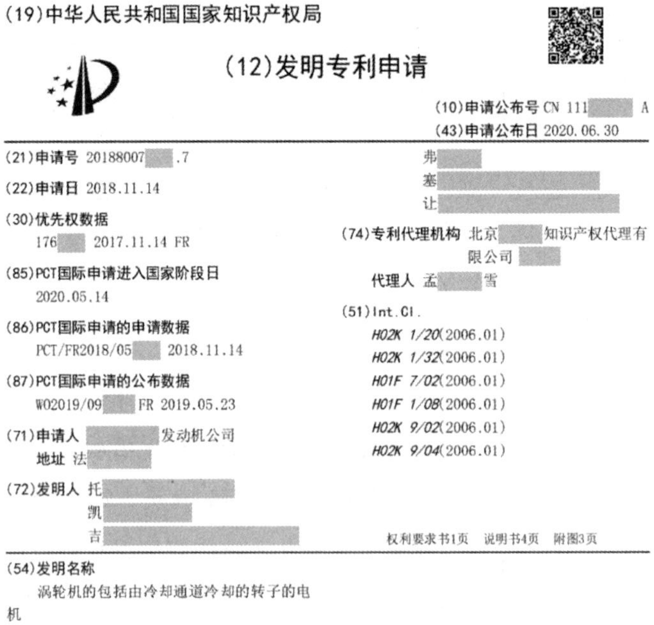

(19)中华人民共和国国家知识产权局

(12)发明专利申请

(10)申请公布号 CN 111[redacted] A

(43)申请公布日 2020.06.30

(21)申请号 20188007[redacted].7

(22)申请日 2018.11.14

(30)优先权数据
176[redacted] 2017.11.14 FR

(85)PCT国际申请进入国家阶段日
2020.05.14

(86)PCT国际申请的申请数据
PCT/FR2018/05[redacted] 2018.11.14

(87)PCT国际申请的公布数据
WO2019/09[redacted] FR 2019.05.23

(71)申请人 [redacted]发动机公司
地址 法[redacted]

(72)发明人 托[redacted]
凯[redacted]
吉[redacted]
弗[redacted]
塞[redacted]
让[redacted]

(74)专利代理机构 北京[redacted]知识产权代理有限公司 [redacted]
代理人 孟[redacted]雪

(51)Int.Cl.
H02K 1/20(2006.01)
H02K 1/32(2006.01)
H01F 7/02(2006.01)
H01F 1/08(2006.01)
H02K 9/02(2006.01)
H02K 9/04(2006.01)

权利要求书1页 说明书4页 附图3页

(54)发明名称
涡轮机的包括由冷却通道冷却的转子的电机

图 7-3 专利信息数据推送

5. 复审、无效决定推送

复审决定、无效决定数据可以用于从相似案件中汲取复审或无效的经验，为本企业处理复审或无效业务时提供案例及经验。

这类数据推送主要包括决定号、发明名称、请求人、专利申请人、专利权人、IPC 分类号、洛迦诺分类号、合议组组长、主审员、参审员、决定日、法律依据、决定要点、决定结果、决定正文等信息。如图 7-4 所示，为需要推送的复审决定全文数据截图。

复审决定数据、无效决定数据每月应至少推送 1 次。

一、案由

本复审请求审查决定涉及申请号为20161022[redacted]，名称为“蒸汽发动机”的发明专利申请（下称“本申请”）。本申请的申请人为夏建国，申请日为2016年04月06日，公开日为2016年09月07日。

经实质审查，国家知识产权局原审查部门于2018年08月10日发出驳回决定，驳回了本申请，其理由是：本申请的权利要求1不具备专利法第22条第3款规定的创造性。驳回决定所依据的文本为：2017年12月16日提交的权利要求第1项、说明书第0001-0012段（即第1-4页）、申请日2016年04月06日提交的说明书附图图1-5（即第1-4页）、说明书摘要以及摘要附图。

驳回决定引用的对比文件如下：

对比文件1：EPEP1876323A1A1，公开日为2008年01月09日 ；

对比文件2：CNCN103233814AA，公开日为2013年08月07日 。

驳回决定所针对的权利要求书如下：

“1、一种直轴型高速蒸汽发动机，它包括壳体(1)、气缸(2)、活塞(3)、连杆齿轮(4)、半齿轮(5)、直轴(6)、轴承(7)、连杆齿轮套(8)、环形弹簧(9)、进气门(10)、排气门(11)、连接齿轮(12)、环齿轮(13)、杠杆齿轮(16、17)，连接齿轮(15)、主轴齿轮(14)、汽管、电磁阀、电线、电脑、仪器仪表、电子开关，杠杆齿轮(16、17)是由大齿轮(16)和小齿轮(17)组成的，环齿轮(13)直径是杠杆齿轮大齿轮(16)直径的2倍或3倍，环齿轮(13)与杠杆齿轮(16、17)与连接齿轮(15)与主轴齿轮(14)组合成是省力变速机，环齿轮(13)有飞轮的功能，连接齿轮(15)是用来连接环齿轮(13)和主轴齿轮(14)的，其特征在于：在壳体(1)内装有气缸(2>、活塞(3)、连杆齿轮(4)、半齿轮(5)、直轴(6)、轴承(7)，在气缸(2)盖上装有进气门(10)、排气门(11)，在壳体(1)中部位装有连接齿轮(12)、环齿轮(13)、杠杆齿轮(16、17)，连接齿轮(15)与主轴齿轮(14)，蒸汽发动机的活塞(3)在气缸(2)内作往复的直线运动，通过半齿轮(5)把活塞(3)与连杆齿轮(4)的直线运动转化为直轴(6)的旋转，在进气行程开始时，活塞(3)位于上止点，进气门(10)开启，排气门(1)关闭，半齿轮(5)转动带动连杆齿轮(4)与活塞(3)从上止点向下止点移动，做功行程开始，蒸汽推动活塞(3)与连杆齿轮(4)运动，连杆齿轮(4)运动推动半齿轮(5)旋转做功，排气行程开始，进气门(10)关闭，排气门(11)开启，使活塞(3)由下止点向上止点移动，把蒸汽挤出气缸(2)，这样往复运转发动，起动蒸

图 7-4　复审、无效数据推送

6. 司法判决推送

司法判决数据与复审和无效决定数据类似，都是为了方便企业专利管理人员参考相似案例。司法判决数据应包括案号、名称、原告或上诉人、被告或被上诉人、原告代理机构、被告代理机构、法院名称、审判长、代理审判长、人民陪审员、书记员、案件类型、案由、判决正文等信息。如图 7-5 所示，为需要推送的司法判决数据截图。

司法判决数据每月应至少推送 1 次。

[redacted]股份有限公司诉被告[redacted]有限公司侵犯专利权纠纷一案

潍坊市中级人民法院

民事调解书

(2007)潍[redacted]1号

原告[redacted]股份有限公司。
法定代表人[redacted]，董事长。
委托代理人[redacted]股份有限公司法律顾问。
委托代理人[redacted]股份有限公司法律顾问。
被告[redacted]有限公司。
法定代表人[redacted]，董事长。
委托代理人[redacted]，该公司法律顾问。
案由：侵犯专利权纠纷
原告WD615系列柴油发动机是上世纪80年代引进的技术。技术引进后原告在长期的生产制造中进行了技术改进和创新，并就相关技术申请了专利保护。近期我们接到举报，被告生产制造的发动机涉嫌侵犯原告拥有的专利，包括：柴油机油汽分离器ZL20032012[redacted]、一种工程机械用柴油机汽缸盖ZL20052012[redacted]、一种可实现气门旋转的摇臂座ZL20052012[redacted]、窜联吊挂式水分离柴油滤清器ZL200320121[redacted]见专利证书)等多项专利，原告委托科学技术知识产权事务中心就上述涉嫌侵权产品进行了技术鉴定，并出具了技术鉴定报告书(见技术鉴定报告书)，认定被告生产制造发动机侵犯了原告的上述专利权。原告为此诉至本院，请求依法判令被告：1、停止侵犯原告专利权的行为；2、按照每台发动机5000元的标准，赔偿原告因被告生产销售侵权产品所受到的损失50万元；3、诉讼费用全部由被告承担。
本案在审理原告[redacted]股份有限公司诉被告[redacted]侵犯专利权纠纷一案中，经本院主持调解，双方当事人自愿达成如下协议：
一、被告今后生产的发动机，应采取积极措施避免侵犯原告专利行为的发生；
二、对被告已生产销售的8台发动机，按每台5000元的标准赔偿原告经济损失4万元。
案件受理费8800元，减半收取4400元，诉讼保全费3020元，共计7420元由被告负担。
以上款项限十日内付清。
上述协议，符合有关法律规定，本院予以确认。

图 7-5　司法判决数据推送

7. 行政执法推送

行政执法数据是地方知识产权管理部门在行政执法中形成的行政处罚文书数据，通过这些数据的学习和研究，可以了解和掌握专利行政执法在不同地区的特点。行政执法数据应包括处罚机关、处罚日期、处罚种类、处罚依据、处罚正文等信息。如图 7-6 所示，为需要推送的专利行政执法数据截图。

行政执法数据每月应至少推送 1 次。

通过以上数据的及时推送，可以解决专利管理中信息获取不及时、不准确、数据种类不丰富的短板，可以做到比竞争对手“先人一步”，占领信息高地。

基本信息

文书号	京知执字（2016）[redacted]号	类型	专利纠纷
案件名称	“沙发（016）”（专利号：ZL20153000[redacted]）外观设计专利侵权纠纷		
被请求人	北京[redacted]家具有限公司	被请求人法定代表人	
被请求人企业代码		违法企业统一社会信用代码	
请求人		商品名称	
作出处理决定机关名称	北京市知识产权局	涉案专利号	ZL20153000[redacted]
专利名称		处罚种类和依据	侵犯了请求人涉案外观设计专利权。《专利法》第六十条
处理方式和期限	责令北京[redacted]家具有限公司立即停止销售、许诺销售侵犯北京[redacted]有限公司“沙发（016）”（专利号：ZL20153000[redacted]）外观设计专利权的侵权产品		
主要违法事实	被请求人[redacted]家具有限公司在河北省香河县绣水街 42 号红星美凯龙家具行家博览中心二层 B 馆、河北省香河县绣水街 63 号经纬家居城一层许诺销售、销售的沙发，其与涉案专利权利外观设计整体视觉效果上无差异，构成相同的外观设计，落入了请求人专利权的保护范围，侵犯了请求人的专利权		

图 7-6　行政执法数据推送

7.3　其他提醒

7.3.1　竞争对手提醒

商场如战场，在企业经营中竞争对手的存在是不可避免的，从专利管理角度来看，对新生竞争对手的识别、竞争对手跟踪都需要进行提醒。

竞争对手识别，就是分辨、确认一家公司是否为竞争对手的过程，通过检索表达式检索专利数据，重点关注某个技术领域的新专利，当有新公开或新授权的专利出现时，将发出消息提醒，然后再进行人工分析，最终确认专利申请人或专利权人是否为新的竞争对手。

对于已知的竞争对手，要做到“知己知彼，百战不殆”，竞争对手新公开的发明专利、新授权的发明专利、实用新型和外观设计专利以及国外专利的公开和授权动态，都需要准确、实时掌握，对于这些专利的出现要及时提醒，以便跟踪竞争对手的研发动向和产品策略。发现阻碍本企业技术发展的专利技术还要深入关注，以便及时调整本公司的技术路线或采取无效竞争对手专利的方式扫清障碍。当然，除了以“对抗”方式消灭或削弱竞争对手，“合作”也是一种方式，可以从技术互补的角度进行合作，如专利交叉许可等，最终达到共赢。

7.3.2 通知公告提醒

在日常的专利管理工作中，专利管理部门经常会发布一些通知公告、公司新闻、行业资讯、会议培训等方面的信息，这个时候也需要进行消息提醒，以确保所有相关人员可以及时收到通知公告内容。如图 7-7 所示，为通知公告的示例。

财政部办公厅 国家知识产权局办公室关于做好2020年知识产权运营服务体系建设工作的通知

发布时间：2020-04-30　　大 中 小

财办建〔2020〕40号

各省、自治区、直辖市财政厅（局），知识产权局（知识产权管理部门）：

为贯彻落实《中共中央 国务院关于构建更加完善的要素市场化配置体制机制的意见》《国务院关于新形势下加快知识产权强国建设的若干意见》和《国务院关于印发“十三五”国家知识产权保护和运用规划的通知》有关工作部署，促进知识产权市场化运营，2020年，财政部、国家知识产权局继续在全国选择若干重点城市（含直辖市所属区、县，下同），支持开展知识产权运营服务体系建设。现将有关事项通知如下：

图 7-7 通知公告提醒

7.4 提醒方式

7.4.1 提醒渠道

消息提醒的渠道有很多种，如手机短信、互联网邮件、微信、系统消息、系统内邮件、页面提示、跨平台提示等。

手机短信提醒，该提醒方式是最及时的一种提醒方式，提醒效率较高，但单条的短信提醒在提醒内容上会有字数限制，一般用于比较重要的且文字内容较少的提醒，如流程待办提醒可以采用这种方式，对于案件更新内容较多的提醒可以采用短信概要提醒，案件更新的详细内容则不适用放入短信中。

互联网邮件提醒，即通过发送邮件到用户的企业邮箱、互联网邮箱进行提醒，一些提醒内容比较多的提醒，可以使用邮件的方式进行提醒，如缴费提醒、年费提醒等，邮箱提醒的时效性要弱于短信提醒。

微信提醒，通过微信公众号接口向关注用户发送微信消息的方式进行提醒，该提醒结合了短信的快速和邮件的大容量内容的优势，是一种比较好的提醒方式。

系统内消息和系统邮件提醒，这两种提醒方式的提醒内容都在信息化管理系统的内部接收，用户需要登录到系统之后才能看到。由于只有登录才能收到提醒内容，所以提醒的时效性比较差。

页面提示，页面提示有两种表现形式，一种是将所有提醒内容呈现在页面的列表中，每一条记录就是一条提醒内容；另一种是在系统内需要提醒的具体页面采用特殊标记的方式提醒用户数据发生的变化，比如案件状态发生变化的记录可以将发明名称标红，或在整条记录后面增加一个小红点或增加一个“new”的图片标识等方法表示案件有了新的更新，需要关注。

跨平台提醒，就是将提醒的内容通过接口的方式传送给其他平台，由其他平台再给用户发送具体提醒，如通过 OA 平台提醒用户，这种方式在一定程度上克服了用户不常登录专利管理系统的问题，通过用户常登录的平台提醒用户。

当然，具体采用哪种提醒方式或哪几种提醒方式的组合联用，需要具体情况具体分析。管理要留痕，对于每一次提醒后要有提醒的日志记录，方便以后备查。提醒的内容一般有申请号、发明名称、提醒内容、可办天数、期限到期日等。

7.4.2 提醒确认

消息提醒的根本作用是提示用户不要忘记处理某些工作，但用户有时一时疏忽确实还会忘记，即使提醒过也有被忽略的情况，这个时候就需要考虑提醒的频率设置和提醒回执的接收。

距离到期日还有比较长时间的任务，可以设置多次提醒，间隔一定的时间多次发送消息提醒，如在专利年费缴纳到期日的前两个月，可采用每 2 个星期提醒一次的方式发送提醒消息，直至被提醒人确认任务已经完成，手动消除提醒。

对于重要的任务，还要进行提醒回执的设置，被提醒人在收到短信或邮件后，需要回复特定的文字内容作为回执来确认提醒内容已经收到，提醒的任务完成后还需要触发某个特定操作来消除提醒，如案件更新提醒，只有用户点击了该条记录，查看了相关内容，提醒才会自动消除。

通过阅读本章，读者可以了解常用的消息提醒类型，以及每类提醒需要提醒的核心内容，以及常用的提醒方式和特点，可以根据具体的提醒时效性要求选择使用不同的提醒方式和提醒渠道。

第8章

知识服务

8.1 什么是知识服务

说到知识服务，先来看一下什么是“知识”，简言之，知识就是我们人类认识客观世界系统性的认识，也就是广义的规律和方法。客观世界中有很多未知的东西需要我们去探索，探索就需要知识。如远古时代的击石取火，人们偶然发现两块石头相互撞击时产生了火花，并点燃了旁边的干草，通过观察这个现象，多次尝试击石取火，最后掌握了人工取火的方法，而“击石取火”也就成为人们一项生存的知识。假如说有人掌握了这一取火的方法，而有人没有掌握，掌握的人就可以为没有掌握的人提供“知识服务”。服务可以分为几个层次，如果有人掌握了方法，但苦于找不到可以打出火花的更多的石头，就可以为他提供石头和找石头的方法；如果有人可以找到石头，但不会摩擦的技巧，这个时候可以传授如何打磨石头才能擦出火花；如果有人一点儿都不了解，从零开始，就需要传授一整套的内容。

类比传授“击石取火”的方法，在企业专利管理中也会遇到很多问题，问题也会分为多个层次，所以就需要不同层次的知识服务。在专利信息化管理方面，广义的知识服务一般可以分为数据服务、信息服务、知识服务三个层次。数据服务是最基础的一项服务，也可以称为“资源服务”，对于有方法没有资源的场景非常适合，如有的企业有专业的专利信息分析人员，掌握了如何从专利数据中分析汲取有效信息，从而分析出有价值的内容；再如分析当前行业的技术空白点、技术路线演进等内容，但只苦于没有大量、及时的专利数据，所以，此时企业需要的是数据服务。如果企业有了数据，但没有办法从数据中进行检索和分析，此时企业需要的是如何从数据中分析出有效的信息，如构建一套专利检索和分析系统，系统可以支持用户从多个字段去检索，并通过丰富的图表方式呈现出数据之间的数量变化和关联关系等，但是这些分析的结果如何解读需要企业专业人员来做，需要有解读“信息”的能力，构建系统这项服务就是信息服务。最后说一下知识服务，企业有了数据，有了信息，但对这些信息如何准确解读，解读后如何指导企业下一步的行动，需要系统的知识来判断，所以，这项服务称为狭义的知识服务。

再举一个我们身边的例子，可能理解得更深入。随着网络的发展，在线问诊已经成为比较常见的看病方式，这个过程就包含着数据服务、信息服务、知识服务的内容。在一个在线问诊平台，我们可以看到很多人的问诊记录，这些记录就是数据，此时，问诊平台本质上提供的是一项“数据服务”内容。通过查看相似问诊数据，可以从中得到病例之间的相似度、用药的差别等这些信息，此时，平台提供的是“信息服务”。如何从数据中得出有效信息，如症状、药方等。进一步判断是否与要咨询的情况相同，是否可以参考其他人的药方用药等，这些问题需要更专业的大夫来提供服务，也就是知识服务，所以在线问诊也是属于知识付费的一种模式。

总而言之，知识服务就是提供或得到一套完整的解决问题的材料、方法或答案。在企业专利管理中，由于存在业务的专业性和复杂性较高、管理工具缺乏、管理人员水平不匹配等问题，就产生了各种各样的知识服务需求。下面我们来看一下在企业专利信息化管理中常见的广义知识服务。

8.2 常见的服务种类

站在企业专利管理工作的角度，如何让研发或技术人员的专利意识越来越强？如何能让发明人提交创意更有积极性，提交的创意更有质量？如何更有专业性地评审专利代理师撰写的申请文件、答复意见？……对这些问题的回答，无非只有一条路，那就是提高涉及专利工作中各类人群的知识素养和技能。

知识服务的对象，一般可以分为发明人、专利管理人员、高层领导等。

常见的知识服务有业务培训、建设数据库资源、业务资料共享、探讨交流和专家解答服务等，下面分别从信息化管理的角度加以介绍。

8.2.1 数据服务

数据服务最常见的是资料共享服务。专利管理的日常工作中需要用到法律法规、典型案例、咨询分析报告、技术资料等资料性文档，这些文档可以设置为共享模式，允许全体发明人等用户随时访问，为用户提供方便、快捷的资料取用服务。

共享资料的上传应该鼓励所有用户上传资料，但必须设置审核环节，当用户将资料上传后需要经过管理员的审核才能向其他用户进行共享，防止涉密资料、与专利业务不相关的资料被共享。

提供的资料需要分类，如按业务单元分类，还可以按面向的用户分类等，在提供共享资料服务时，最好记录每件资料被访问的频率和下载的频率，这样可以收集用户对资料的喜好偏向，知道哪类用户对哪方面的资料更感兴趣，可以为资料更新提供方向性的建议。对于热门的资料可以自动置顶或人工置顶，让更多的用户方便地发现和取用。

资料共享，对于常规格式的文件需要支持在线浏览功能，这样用户不需要下载下来就可以在线预览，如果不是特别感兴趣的资料可以不必下载，为用户节省了宝贵的时间。

8.2.2 信息服务

信息服务中最常见是数据库服务。数据库就是某一类数据记录的集合，具有检索和分析的功能，如我们使用Excel文件记录的专利创意、专利申请记录等，广义上来说也是一种数据库。一般来讲，在企业专利方面的数据库服务是指具有丰富检索功能和分析功能的专利专题库或全领域数据库。

专题库是企业常用的一种数据库形式，按照企业所处行业或产品需要，编写检索表达式，如发明名称中包括“LED”、IPC分类号在某些小类下面的数据，表达式确定以后，专题库的数据范围就确定了，可以按照这个表达式在全领域数据库中检索，一次性将历史的过档数据入库，后续按照一定的周期进行数据更新，比如每周更新一次。

专题库的数据容量相对较小，所以专题数据一般可以部署到企业本地，方便企业二次加工和利用，而且还可以按照企业的实际需求定制化开发一些特色功能。全领域库就是提供全球所有专利数据的数据库，在功能上比较通用，适合各行各业的检索和分析习惯，数据容量非常大，一般只提供在线服务，专利数据无法部署到企业内部。专题库相对于全领域库而言，短小精悍、灵活适用，但存在数据缺漏的风险，如果某些数据没有进入专题库范围，则在专题库中是无法检索和分析到的，而全领域库不存在这方面的问题。总之，对于企业而言，专题库非常适用企业的使用习惯和特点。

专利数据库对于发明人开拓思维，专利工程师判断技术方案的新颖性、创造性，以及对本企业已有专利的标引再分析和利用等方面有很大的用途，所以有条件的企业应构建本地的专题数据库。数据库除了支持常规检索功能，还应支持分析功能、标引功能等。此外，专题库包含的数据范围要广，目前全领域库数据量已经超过1.4亿条，专题库的国家或地区范围最好与全领域库相同，或者至少包含一些重点国家或地区的数据，如美国、日本、欧洲、韩国、俄罗斯等，还可以根据企业在海外的专利布局情况酌情设置专题库的数据范围。除了专题库的数据全面性，专题库的专利数据更新能力要快，国内至少要保证能够每周更新1次，国外数据至少能保证每月更新1次。数据的全面、及时更新，可以提高数据库在检索时的查全率和查准率。

除了专利数据库，学术论文数据也是重要的技术方案获取渠道，所以向发明人等用户提供学术论文检索服务也是一项非常重要的知识服务内容，这些数据库一般提供的是线上服务模式，如国内的中国知网、万方数据，国外的 Springer、Science Direct 等，数据库一般采用账号或 IP 地址授权访问的方式提供服务。

8.2.3 知识服务

1. 业务培训

培训是企业专利管理中常见的一类知识服务，包括内部培训和外部培训。

专利业务的专业性、复杂性和前瞻性决定了必须经常进行业务培训，以便提高发明人、专利管理人员和企业高级管理人员的专利意识、专利业务知识、专利业务操作技能、专利管理水平，最终提高整个企业的创新水平、专利保护水平和专利运营能力。

培训讲师一般来自本企业专利管理部门、与本企业有业务关系的代理机构、社会上专业的知识产权培训机构等。

培训分为在线培训和线下培训，对于线下培训，需要对培训资料仔细管理，包括电子文档、PPT 文档、授课视频等，应记录资料名称、应用环节、采集时间、资料来源等信息，方便随时取用。对于线上培训，需要对培训的内容进行分类和分模块管理，线上培训一般包括视频培训和直播讲解，对于培训的课程需要设置评分功能，以接收参加培训用户的反馈，为后续培训的改进和优化提供帮助。

2. 专家解答

知识服务的最高级别就是专家的人工服务，向提出问题的用户给出全套的解决方案。

提供服务的专家可以是企业内部专家，也可以是企业外部专家，在信息化平台内部，设置专家库对专家用户进行管理。专家服务功能，一般包括专家介绍、技术专题、问题的提交和答复等，用来解决企业内部一些较疑难的技术或法律问题。

对于问题和答复，可以分类管理，即增加管理标签进行管理，如“交底书撰写专题”全部收录关于技术交底书撰写过程中的问题和解答，这样可以方便用户快捷地找到自己感兴趣的资料。

还可以设置专家评价功能，对专家的答复给出评价，便于阶段性对专家的服务质量进行评价，评价可以设置为评分、留言等方式，这些评价信息将为专利管理部门是否继续聘用该专家提供依据。

通过阅读本章，读者可以了解在企业专利管理中知识服务的类型和层次，以及如何用信息化手段提供知识服务，可以根据本企业的实际情况构思和谋划知识服务的内容与方式。

第9章 数据分析

随着专利管理工作的持续开展，信息化系统中的数据会越来越多，从几百条到几千条，再到上万条甚至上百万条，随着时间的积累，数据量会持续增加。这些数据是过往专利业务中评审、上传、系统自动产生的记录，是企业重要的数据资源，更是企业的“信息宝库”。但开采和挖掘这座“信息宝库”，需要利用一定的信息技术手段，以期能够从这些大量的数据中发现新的有价值的信息。数据分析是一种常用的数据挖掘和分析工具，通过分析模型针对数据的不同维度进行汇总分析，再通过可视化图表的方式呈现分析结果，为后续的专利管理和决策提供数据支撑。

9.1 数据分析准备

不同企业对数据分析的维度和颗粒度需求不尽相同，为了更加准确地贴合本企业的实际需求，一般做数据分析模型设计时，先要弄清楚都有哪些数据，可以从什么维度，以及可以达到什么样的分析结果这些角度去思考，然后构建企业常用的专利数据分析模型。下面先来看一下可以作为分析基础的数据范围。

9.1.1 数据基础

专利信息化管理系统中可以用来分析的数据都是各类用户在使用过程中

日积月累形成的，包括用户手动录入的记录和系统自动生成的记录。如创意审批的流程中，会记录创意提交人、提交人部门、提交时间、发明标题、发明内容、创意质量评定结果等。系统自动生成的数据，如系统根据预设条件自动判断创意等级的结论、用户修改的日志等。

一般来说，系统中所有已存储的结构化数据都可作为数据分析的基础，从专利管理全生命周期的过程来看，专利管理系统中的数据主要包含创意数据、申请数据、专利权数据、失效数据、转让数据、许可数据、无效及诉讼数据、产品数据、项目数据、竞争对手专利数据、缴费数据、质量数据、日志数据等，这些数据的主记录和关联记录都包含很多有用的可分析字段，可以提供汇总分析和可视化展示。

9.1.2 分析维度

可用于分析的数据中包含很多字段，将这些字段抽出即可以作为数据分析的维度，如专利特征维度、时间维度、区域维度、技术维度、费用维度、价值维度、保护维度、个人维度、组织维度等。下面具体看一下各类数据维度。

专利特征维度：这个维度是专利数据分析的主要维度，内容比较丰富，可以反映专利的所有属性，如专利类型、是否同日申请、是否分案申请、权利要求个数、说明书页数、是否有优先权、是否有复审、是否授权、各类费用、是否被无效、专利价值度等。数据分析时这些维度可以进一步展开和细分，如专利类型分为三类，即发明专利、实用新型、外观设计；权利要求个数可以分为 5 个以下、5 ～ 10 个、10 个以上；费用可分为官费、代理费、收到的政府资助费用等。通过专利特征维度的计算，可以分析出申请量、授权量、创意申请率、申请授权率等这些指标，从而可以从专利的角度审视企业当前申请的策略是否恰当，最后为调整管理策略提供数据支撑。进行数据分析时，可以分析全部数据，也可以分析一部分数据，或者加上一些限定条件，也就是一些另外的统计维度，如时间维度、区域维度等，就缩小了数据的分析范围。

技术维度：专利的核心内容是以技术方案作为支撑的，所以对技术方面的分析也非常重要。技术维度主要从技术领域、技术特征、技术效果等角度进行分析。技术领域可以从分类号角度或人工标引的技术领域角度去分析数据的分布情况，发明和实用新型可以用 IPC 分类或 CPC 分类体现技术维度，外观设计专利可以用洛迦诺分类来体现技术维度，比如统计企业在 IPC 的某个小组下的数据分布情况。技术特征可以用人工标引的数据去分析，先设定一套标准化的技术特征集合，对每一件专利的技术方案进行标引，标注出技术特征，如超高温瞬时灭菌、双翼自旋等。技术效果也需要先进行人工标引，为每一件专利贴上技术效果标签，才能进行下一步分析。

时间维度：时间维度可以反映一定时期内的数据积累和变化情况，包括创意提交日、申请日、授权日、优先权日、PCT 进入国家阶段日期、数据记录的创建日期等。时间维度主要用于分析其他维度时的数据范围界定条件，对分析一些指标时起到控制数据范围作用。如果不加入时间维度，可能分析的就是数据库中所有的记录；如果加上时间维度，就是分析的这个时间范围内的数据，如可以分析申请日在 2019 年 1 月到 2020 年 6 月的数据情况。

区域维度：区域维度与时间维度类似，可以反映分析指标在某些区域内的分布和变化情况。可以用于分析专利申请的国别、PCT 申请进入国家阶段的具体国家或地区、专利许可的省份等这些带有区域属性的数据，如分析 2020 年 PCT 申请进入具体国家的情况，数据分析结果如美国 10 件、日本 8 件等。

个人维度：个人维度用于分析个人的数据情况，就是从单个人的角度去描述数据的分布情况，包括发明人、专利代理师、专利工程师、审查员、法官等，如分析专利申请量最多的前 10 位发明人、分析专利代理质量最高的前 5 名专利代理师等。

组织维度：可以用于分析具有组织属性的数据，组织属性如分 / 子公司、部门、项目组、竞争对手公司、代理机构等。组织维度与个人维度类似，可以反映数据在组织层面的分布情况，如第一分公司的申请量、某个代理机构的代理案件授权率等。

以上几种维度可以单独使用，也可以交叉形成多个维度一起分析，此时叫作多维度分析。如要分析每个分公司（组织维度）2020 年全年（时间维度）

发明人（个人维度）在汽车电机（技术维度）领域发明专利申请（专利特征维度）量的前十名。

数据分析的准确性依赖于被分析的原始数据的准确性。因此在日常管理中，各个模块的数据记录一定要"细"和"准"。"细"就是说记录的字段要全，字段尽可能的多，如在记录专利无效案件的数据时，如果无效案件结案的时间没有记录，那么后期需要分析"无效案件平均结案时间"这个指标时则无法实现。"准"就是说记录的数据要符合记录要求，在系统中要设置校验规则，如数字型的数据一定不能出现文字类记录，尤其"权利要求个数"这个字段，需要记录的一定是大于等于1的正整数，那么就需要做相应的校验，防止用户在输入时误操作，输入非大于等于1的正整数，比如用户输入了"五"，那么就会给后期分析带来困难。

9.1.3 分析结果

数据分析的结果一般分为静态描述和动态趋势描述两类。

静态描述是指固定条件下对总量、组成比例、比率等的描述，如2019年全年整个公司三种类型专利的授权率，静态描述不考虑时间变化的影响。

动态趋势描述就是考虑时间维度，按照时间跨度描述数据的变化情况，如按年、按月、按周、按天。动态趋势统计的结果会呈现数据按时间的阶段性变化，为探寻业务变化趋势提供指引，如统计近三年所有分公司三种类型专利的申请量变化，统计时先限定每个分公司的三种类型专利的总量，然后按照"申请日"这个时间维度将数据汇总到近三年的每个年度中，最终完成统计过程。

9.2 结果展现方式

随着信息技术的发展，数据分析的结果可以采用可视化的方式加以展现，展现方式有很多种，主要分为“表”和“图”两类。

“表”就是以表格的形式呈现分析结果，表格有横向的数据表头和纵向的数据分类。在表格的结果展示中，可以设置数据“钻取”功能，就是说当点击某个具体分析结果时，可以查看这项结果对应的所有原始数据。如图 9-1 所示，比如点击表格中“一公司”的“发明”专利“申请数”的结果“2027”时，可以在表格的下面或新打开一个页面展示这 2027 条的申请原始记录。

序号	分公司	发明					实用新型					外观专利				
		申请数	授权数	授权率	维持数	维持率	申请数	授权数	授权率	维持数	维持率	申请数	授权数	授权率	维持数	维持率
1	一公司	2027	1225	60.43	654	53.39	59	57	96.61	10	17.54	5	5	100.00	0	0.00
2	二公司	1287	763	59.29	363	47.58	27	27	100.00	10	37.04	0	0	0.00	0	0.00
3	三公司	1156	489	42.30	380	77.71	180	167	92.78	51	30.54	21	21	100.00	2	9.52
4	四公司	940	455	48.40	283	62.20	374	339	90.64	110	32.45	16	14	87.50	5	35.71
5	五公司	628	202	32.17	126	62.38	291	269	92.44	81	30.11	2	2	100.00	1	50.00
6	六公司	602	250	41.53	163	65.20	244	230	94.26	40	17.39	13	13	100.00	2	15.38

图 9-1 数据分析结果

“图”就是以图形的方式展示分析结果，分为静态图形和动态图形。静态图形常见的多为二维图形和三维图形。二维图形有柱状图、折线图、饼状图等。

柱状图也叫条形图，如图 9-2 所示，常用于描述被分析项的时间变化或多个分类之间的比较情况，如不同年份的申请量变化、不同分公司的申请量比较等。柱状图可以在一个单柱中用不同线条表示不同分类，如在一个单柱中用三种线条分别表示发明、实用新型、外观设计三种专利申请量，这类柱状图称为堆积柱状图。

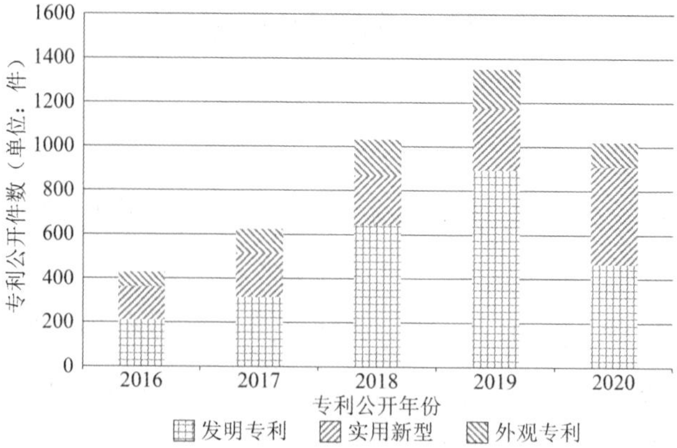

图 9-2　柱状图

折线图就是以分级线段的方式表示数据的变化，如图 9-3 所示，与柱状图类似，一般常用于随时间变化的趋势统计结果等。折线图也可以同时显示多个变量，比如用多条不同形状的折线节点代表不同分公司，来展示各分公司不同年份的专利公开量。

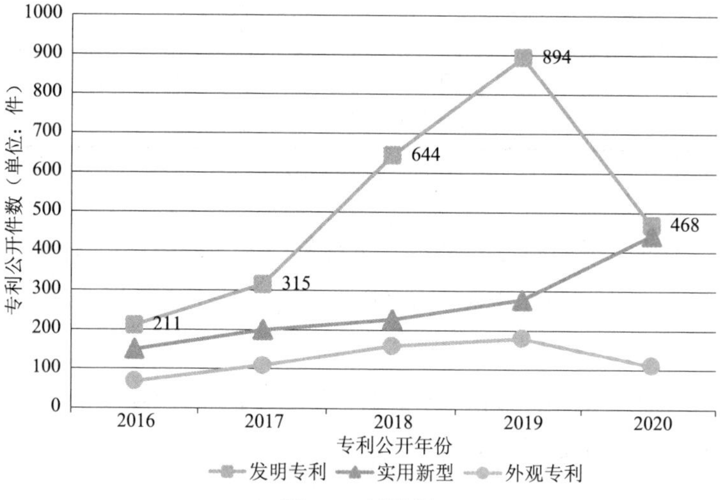

图 9-3　折线图

饼状图常用于表示一个分析结果集中不同变量的组成情况，如图 9-4 所示，可以一目了然地显示出专利类型的组成，在饼状图中可直观地显示其数量组成和所占百分比。

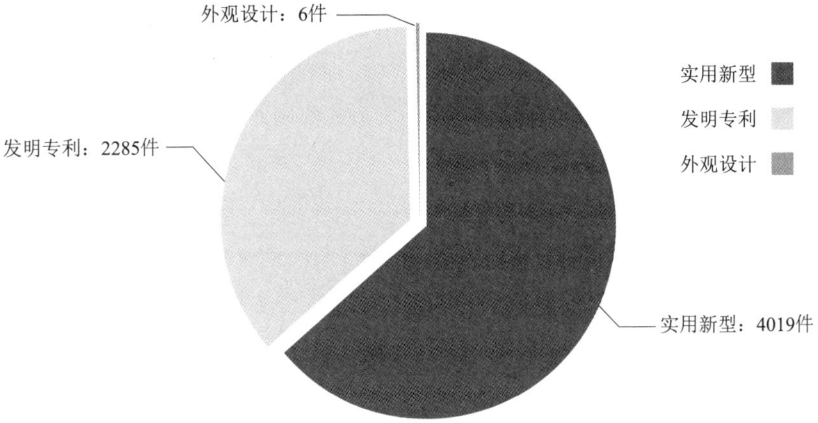

图 9-4　饼状图

矩阵图与饼状图类似，如图 9-5 所示，常用于表示变量之间的组成情况，如比例大的变量在左侧，比例小的变量在右侧。

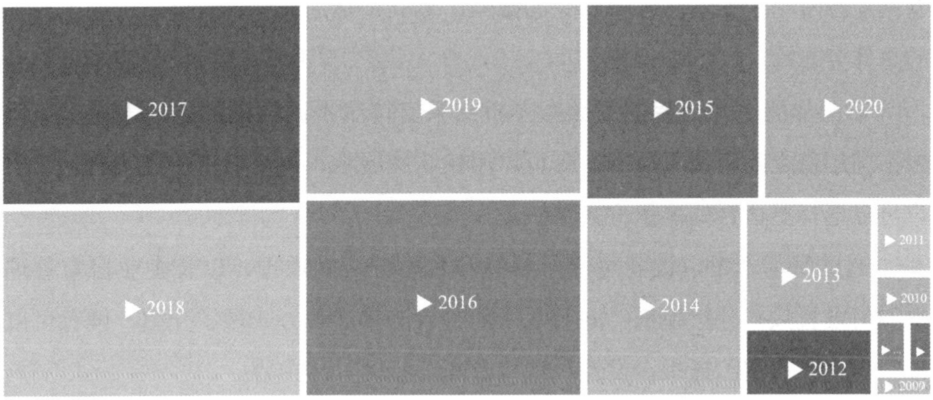

图 9-5　公布年矩阵图

气泡图是用气泡表示变量的数量多少，数量越大，气泡越大。如图 9-6 所示，展示了某企业各分公司的专利引证文献中申请人引证的平均文献数量。

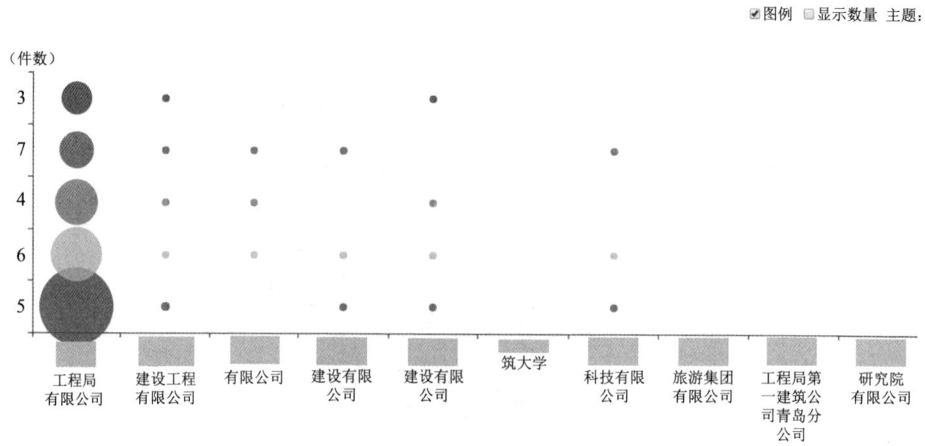

图 9-6　气泡图

此外，常用的图形展现方式还有雷达图、专利地图等。雷达图常用于多个维度的分析结果展示，通过观察雷达图用户可以找出统计项中优势和弱势。专利地图常用于展示与区域有关的数据，专利许可的被许可人分布、竞争对手的总体分布等。

在图形展示中，相同的数据分析结果支持用不同的图形方式来展示。比如不同年份之间申请量展示，既可以用柱状图展示、也可以用折线图展示，用户可以选择更适合的展示方式来阅读。

通过阅读本章，读者可以了解专利数据分析的原理，以及企业日常管理中如何设置数据分析模板，并对常用的分析结果展现方式做了介绍，读者可以根据本企业的实际需求，设计和规划数据分析的具体内容。

第10章 质量与安全管理

10.1 质量管理

10.1.1 创意评价

创意是专利申请的源头，对于源头的质量保证是非常重要的，所以需要对发明人提交的每一件创意进行质量评价，评价的要点一般从新颖性、创造性两方面开展，通过对创意中的技术方案进行检索，用检索结果作为依据，进一步通过分析技术方案与检索到的对比文件之间的差异来评价创意质量。

创意评价的目的是督促发明人提交更多高质量的创意，评价的结果会对创意进行分级。分级后的主要用途有两个：一是分级委托专利代理师。如分为A级、B级、C级，分级后的创意可以进行差异化管理，质量较好的创意需要特别关注，在选择委托专利代理师时要选择最优的代理师，以保证申请文件的撰写质量。质量较差的创意，就没有必要选择代理费用高的代理机构来申请。二是可以作为发放创意奖的依据。企业中的创意奖一般会分几个档次，每个档次之间的奖励额度会有所差别，如A级创意每件奖励1万元，B级创意奖励每件奖励5000元，C级创意每件奖励2000元，只有对创意从质量上进行了区分，才能执行创意奖的分级奖励，这样更有利于发明人重视创意的质量，让更多的发明人提交优质的创意。

创意评价一般通过评审流程在线完成，主要步骤为专利管理人员发起创意评价流程，然后由专家会签，专家会签这一步很重要，一般选择单数专家参与评审，评审的依据就是已经制定好的评分项，如新颖性、创造性、可替代性等分别设置一个分值，所有专家会签后，由系统自动汇总分数作为最终结果。

10.1.2 专利代理师评价

据统计，97% 以上的专利申请都采用了委托专利代理师的方式进行申请，因为通过专利代理师申请可以利用专利代理师丰富的申请经验提高申请书的撰写质量，提高通知书答复水平等，总之一句话，“让专业的人做专业的事”。既然选择专利代理师申请专利有诸多好处，那么如何选择一家合适的代理机构或一名代理师？要知道，现在全国有 3000 多家专利代理机构，在其中选择一家或几家合适的代理机构需要多了解，具体需要关注以下几方面信息。

首先，要关注一下专利代理机构专利申请的年度总量这一指标，通过这项数据可以判断代理机构的规模，即可以区分“大所”和“小所”。当然并不是说大所就一定比小所质量高，但可以看出是否有规模优势，在流程管理、质量控制等方面比较有保障。其次，要关注代理机构的委托申请人情况，可以了解代理机构客户的分布，是否只专一地服务于某个行业，是否为有限的几个申请人服务等，而且还可以了解这家代理机构是否代理了竞争对手的专利，一定要避免这种情况发生。当然，年申请量大、客户分布广泛的代理机构不一定是最适合本企业的代理机构，还需要看每家代理机构按 IPC 或国民经济分类在哪个领域代理的申请较多、授权较多，就可以掌握这家代理机构的优势领域在哪些方面。除了以上关注点之外，还可以通过代理师人均代理量、分支机构分布图、PCT 分析等信息，进一步了解想委托的代理机构实力和本企业的吻合度。

这些信息的获取需要靠大量的专利数据分析，读者自身很难做到，可以在知了网（http://www.izhiliao.com.cn）上查看每家代理所的详细信息，如某代理所申请类型分析结果，如图 10-1 所示，这家代理所主要代理的专利类型是发明专利，且绝大部分是国外申请。

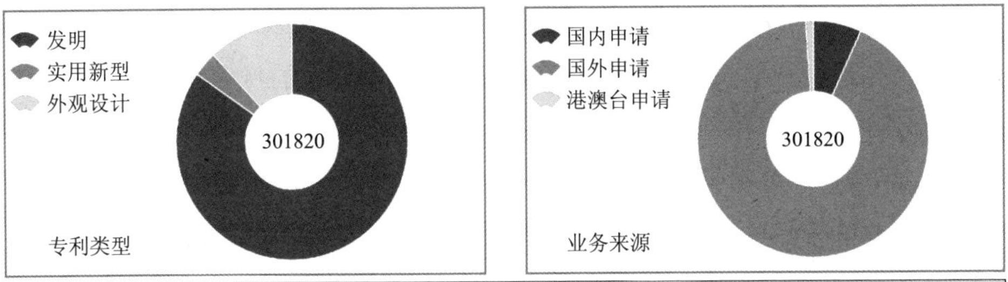

专利类型	全部	国内申请	国外申请	港澳台申请
发明	256018	13851	241408	759
实用新型	10371	4868	4296	1207
外观设计	35431	1891	32547	993
PCT	134183	673	133365	145

图 10-1　专利代理所申请类型分析

通过了解 IPC 的分析结果，这家代理机构最擅长的技术领域是电数字数据处理（IPC 分类号为 G06F 小类）、半导体器件（IPC 分类号为 H01L 小类）等，如图 10-2 所示。

技术领域分析

本所擅长处理 G06F电数字数据处理； H01L半导体器件，其他类目中不包括的电固体器件； A61K医用，牙科用或梳妆用的配制品 等技术领域的专利申请。

IPC　洛迦诺

领域内排名：代理该领域专利的代理所排名

序号	分类内容	专利数量（发明+新型）	本领域内排名
1	G06F电数字数据处理	11611	5/1999
2	H01L半导体器件；其他类目中不包括的电固体器件	9293	5/1680
3	A61K医用、牙科用或梳妆用的配制品	8990	2/1999
4	C07D杂环化合物	7086	2/1431
5	H04L数字信息的传输，例如电报通信	6929	5/1823
6	H04N图像通信，如电视	6491	3/1895
7	C07C无环或碳环化合物	5207	2/1478
8	A61B诊断；外科；鉴定	4429	2/1999
9	G11B基于记录载体和换能器之间的相对运动而实现的...	3751	3/991
10	G01N借助于测定材料的化学或物理性质来测试或分析...	3662	3/1999

图 10-2　专利代理机构优势技术领域分析

这里提到了IPC分类号，简单介绍一下专利分类号。申请人递交专利申请之后，各国专利局为了后续分配审查任务和方便检索的目的，会对专利申请文件进行分类。

专利分类有两套体系，一套是应用于发明、实用新型两种类型上，另一套是应用于外观设计专利上。应用在发明和实用新型上的分类号体系有很多，如世界知识产权组织负责修订的IPC分类号，这套分类体系应用最广，此外还有日本发明的FI/F-term分类体系，美国的UCLA分类体系，以及最新的欧洲专利局和美国专利商标局共同开发的CPC分类体系等，这些都是应用在发明专利和实用新型专利上的分类号。IPC分类号主要由5个部分组成，分别是部、大类、小类、大组、小组，如G01C5/06这个分类号，G是部，01是G部下的一个大类，C是G01大类下的一个小类，5是G01C小类下的一个大组，06是G01C5大组下的一个小组，专利就是通过这样一层一层地被分配到各个小组中。在早期专利量很少的时候，不同分类的专利文本被放在不同的抽屉中，便于查找，现在美国专利商标局的办公区还能看到保存完好的专利抽屉。对于外观设计的分类，目前各国主要采用洛迦诺分类，也是由世界知识产权组织负责修订和发布，分类号的形式是一个横杠连接的两组数字，每组数字最多由两位数字组成，如12–08，代表“汽车、公共汽车和货车”这个分类。

了解了分类号，回过头来我们再来看选择专利代理机构的问题。国资委和国家知识产权局联合印发的《关于推进中央企业知识产权工作高质量发展的指导意见》第十八条要求：加强知识产权服务机构管理。中央企业集团公司要加强对知识产权服务机构的准入、考核、淘汰等方面管理，完善服务机构评级体系，优化资源配置和使用。由此可见，企业对服务机构的质量评价、考核等工作从顶层设计上已经有了明确要求。所以，在与代理机构合作期间，需要对代理机构做的各项工作进行评价，如申请书撰写质量、答复意见撰写质量等，定期汇总，形成综合评价结果，为后续是否继续合作提供数据支撑。比如对申请文件的撰写评价，可以从代理师的责任心层面，权利要求书布局是否合理、是否缺乏独权、是否具有单一性、独权保护范围是否过小、从权引用是否清楚、说明书各部分是否完整、各部分内容是否撰写得当、摘要附图是否选取准确等这些指标出发，来评价每一件申请文件的撰写质量。答复意见的评价可以从代理师对技术方案的理解程度、修改的合理性、说理的充分性等方面来设置评价指标。在评价指标中，每一项可以设定一个分值，总分设置为 100 分，每个月或每个季度进行评价汇总，作为评价专利代理师工作质量的基础材料。

10.1.3 专利质量评价

企业中对专利质量进行评价，比较典型的应用场景是每年缴纳专利年费时需要决策是否缴纳下一年度年费，也就是说还有没有必要投入费用来维持某些专利权。再有就是在专利进行转让、作价入股、侵权索赔、申报高价值专利等运营环节，需要对专利的质量有一个准确的评估。

专利质量包括三方面内容：第一层面是技术层面，即技术上的创造性高度，比现有的其他技术方案相对优势的幅度；第二层面是法律层面，主要考虑技术方案被保护的稳定性如何，现有技术和本发明的划分是否合理，保护的结构是否合理，被无效的风险有多少等；第三层面是经济层面，主要看采用了这一专利技术带来的市场增加值有多少等。

对专利质量评价有很多维度，如从专利引文数量、技术覆盖范围、发明人数量、申请书页数等方面来衡量。企业可以采用专家评价的方式确定专利的质量，将专利工程师、技术人员、市场人员、相关领导组成一个专家评审委员会，对专利的质量从研发投入、技术高度、市场表现、市场周期、市场潜力、竞争对手的替代技术比较等角度进行全方位的评价。

高质量的专利会给企业带来巨大的收益，这是无疑的，无论是市场销售的直接收入还是质押融资取得的融资额。例如，2015 年，江苏恒瑞医药股份有限公司与美国 Incyte Corp 公司在美国达成协议，将具有自主知识产权的用于肿瘤免疫治疗的 PD-1 单克隆抗体（代号“SHR1210”）项目许可给美国 Incyte Corp 公司。首付款加上里程碑付款累计最高达 7.95 亿美元，销售提成另计。[1]再如，2020年6月，上海市知识产权质押融资银企对接会在嘉定举行，会上工商银行、中国银行、建设银行分别与上海兆捷实业发展有限公司、欧好光电控制技术（上海）股份有限公司、上海华仓通信技术有限公司签订知识产权质押融资贷款合作协议书。其中上海兆捷实业发展有限公司是一家制造型企业，受疫情影响，公司的资金链出现问题。通过知识产权质押融资的方式，兆捷实业凭借十多张实用新型专利证书，获得了最高1000万元的贷款资质。[2]

10.1.4 宏观质量管理

除了对专利代理师和单个案件进行质量评价外，对专利管理工作的整体质量控制也是非常重要的。如何保证专利管理工作得到高质量运行，一般需要关注以下三个方面。

首先，业务流程需要不断优化。对各类评审的线上流程表单需要实时监控，收集用户的使用意见，不断调整和优化表单以及节点设置，使各项流程流转顺畅进行。流程需要不断优化才能“越来越好用”，因为在设计流程之初，不可能考虑得那么全面，随着流程的使用，一些新情况、新问题就会出现，如增加几个字段、变更一下评审的步骤、某个节点由从最初的人工评审变成系统根据某个参数值的自动判断等，这些问题会经常发生，所以要及时更新和修改，最大化地让流程适应用户的需求和使用习惯，而不能强制让用户适应流程的设计。流程好不好用，对管理工作的质量至关重要，所以，在信息化系统使用过程中要不断优化，不断提高系统的效率和用户体验度。

其次，关键指标需要实时监控。可以设置项目的专利产出完成率、创意申请率、专利授权率等指标，按周、月、季度、年等时间维度及子公司的组织维度进行实时监控，有条件的企业可以将这些监控指标做成大屏展示系统，便于直观观察和发现问题，发现问题后需要及时调整策略。创意、申请等指标不

---

[1] 生物谷 . 创新药海外新突破！恒瑞 7.95 亿美元向 Incyte 出售 PD-1 单抗 . [EB/OL].（2015-09-06）http://news.bioon.com/article/6672751.html?_t_t_t=0.46927337371744215.

[2] 王安琪 . 知识产权值“千金”！嘉定这家企业凭十多张专利证书获 1000 万元贷款 [EB/OL].（2020-06-15）https://www.thepaper.cn/newsDetail_forward_7846448.

能只关心数量，更要关心质量，所以，项目当初制定的专利申请量是否完成，有多少创意申请了专利，又有多少申请得到了授权应该十分关注，这些指标的监控需要实时的统计分析获得，可以按产品、项目、部门、技术领域等维度统计和分析，发现问题后需要及时调整相关策略。

最后，采用“奖励”的办法提升质量。“激励”是一种非常好的管理方法，对于高质量的创意发明人、高水平的专利代理师和完成高价值专利转化的专利工程师等人员需要制定奖励办法，每半年或一年进行一次奖励，奖励信息置于“费用管理”中进行管理。

通过以上微观和宏观两个层面对创意、申请和授权后的专利活动进行积极的评价和管理，会对企业专利管理的工作质量有显著提升。

10.2 安全管理

10.2.1 访问控制

信息化管理系统的安全问题非常重要，保证系统安全的第一道防线就是对访问进行控制，让允许访问系统的用户安全访问，让用户操作得到安全控制。所以，访问控制分为两个层次，一是谁将被允许访问系统；二是允许访问系统的用户功能和数据权限要设定清楚。

是否允许访问系统需要建立白名单、黑名单制度。白名单即允许登录的用户名、IP 地址、IP 段、网络物理地址等，黑名单即系统拒绝登录的用户名、IP 地址、IP 段、网络物理地址等。在白名单范围内的用户或设备可以正常访问系统；在黑名单范围内的用户或设备则不允许访问系统，如当黑名单中的用户访问系统时，可以显示一个提醒的页面，提示该用户的系统访问操作被拒绝。

用户操作的功能和数据权限采用角色授权的方式，这一点在之前的“基础信息管理”章节已经做过介绍。此外，对于用户设备与系统之间的安全通信可以采用超文本传输安全协议（HTTPS）协议的方式来加密通信数据。

10.2.2 日志管理

系统日志对于管理类系统的安全性来说非常重要，日志可以用于记录系统功能访问和操作数据的过程，便于出现安全问题时追溯根源。

日志一般可以分为用户操作日志、系统自动操作日志、系统运行错误日志。

用户操作日志是记录数据库中的数据是何时由谁操作的，如将某件专利的价值评估值由“一般专利”修改为“核心专利”，日志要记录数据操作的时间，需要具体到秒，然后记录操作人的用户名称、操作的模块、操作前的内容、操作后的内容、操作的 IP 地址等信息。

系统自动操作日志，是系统设定的自动执行的操作，如专利公开数据的自动推送操作，一般按照每周更新 1 ～ 2 次的频率自动执行，系统自动更新数据时，日志要记录自动执行的任务名称、开始时间、结束时间、更新的具体申请号、成功的申请号和失败的申请号等信息。

系统运行错误日志是记录系统运行维护层面的事件，如对外接口异常记录、应用服务器的运行负载情况记录等，这类日志主要供系统运维人员查看和使用。

10.2.3 数据备份

数据的安全性不言而喻，数据是一套信息化系统的灵魂，也是企业重要的数字资产，所以必须要有数据备份机制。

数据备份可采用自动备份和手动备份两种方式。自动备份又分为实时备份和定时备份等方式，实时备份就是数据的持续增量备份，这对备份使用的设备硬件和备份工具的要求都很高，但是一旦发生断电或系统故障导致数据丢失时，采用备份数据进行恢复则可以最大化地将系统中数据恢复至发生故障时的状态，基本可以做到零损失。定时备份就是设定一个时间间隔进行备份，如每个小时备份一次，或者每天备份一次，定时备份的优点是节省备份空间，但发生丢失数据的系统故障时，无法做到零损失恢复。手动备份也属于定时备份，但不是由系统自动操作，而是由数据备份人员手工操作。采用哪种备份策略，一般会根据企业信息化管理部门的条件和系统实际发生故障的概率综合判断，企业专利管理系统中的数据属于企业比较机密的数据，尤其是尚未提交申请的创意数据非常宝贵，所以在条件允许时，需要加强备份频率。

备份的数据要尽量保存多份，防止只备份一份数据，因为备份数据也可能发生不可读取等问题，导致系统数据无法恢复。在备份时可以一次备份到多个不同的备份空间，并且留存最近一段时间的多次备份数据，数据备份后可以进行数据有效性检查，通过综合手段保证备份数据的可用性。此外，备份数据在必要时需要进行加密处理，保证数据的安全性。

当然，数据备份的工作属于系统运维的范畴，非专利管理部门的主要工作，但是专利管理部门也应该重视专利管理系统中的数据备份问题，毕竟真的发生系统故障时，第一时间会影响专利管理部门的工作。

10.2.4 接口安全

为了实现与其他系统的数据交互，企业专利管理系统中需要设计多个系统接口，由于是通过网络协议进行接口数据交换，所以一定要保证在接口交互时的数据安全。可以采用加密数据传送、防止信息截取、防止伪造用户行为、防止数据篡改等手段，再有就是可以增加时间戳等安全手段保证数据交互的安全。下面简要介绍一下接口安全通信的基本方法。

首先，采用用户登录验证。这是最基本的安全手段，就是说只有在专利管理系统中登记的用户才能调用系统的接口，非法用户不能调用接口，这与我们人工登录系统时进行验证是一个道理。

其次，使用数字签名。在接口调用时，将请求的所有参数按照约定的签名算法生成一个签名字符串，在接口请求的时候带上这个签名串，如对所传的参数进行自然升序或降序，再加上时间戳，然后使用 MD5 进行加密生成签名值，专利管理系统收到请求后同样对参数进行排序、加时间戳、生成 MD5 值等操作并与之进行比对，两个值相等则说明参数没有被篡改过。

通过本章的介绍，读者可以了解企业专利管理中对质量管理的一般内容和方法，以及系统安全运行的基础知识等内容。管理工作的成效关键在质量，专利管理工作的质量提升需要通过信息化手段来实现，而系统的安全是提高工作质量的重要保障，只有在安全的系统上开展管理工作，工作的质量才能得到有效保证。

第11章 未来发展趋势

企业专利管理作为创新型企业中一块重要管理内容，工作内容会开展得越来越深，采用信息化手段进行管理的企业也会越来越多。在工业“两化融合”背景下，强化企业信息化支撑，无疑会为企业的发展带来新的机遇，也为企业的管理水平再上新台阶提供动力支持。

通过本书前面相关内容的阐释，读者首先对专利管理尤其是采用信息化手段进行管理有了清晰的认识，对于专利信息化管理方面充实了知识积累。信息化的发展是快速的，专利信息化管理的方法也是时刻更新的，在当前人工智能技术日新月异、5G 应用快速普及的背景下，可以预见，企业专利管理信息化会朝着智能化、集成化、移动化方向发展。

人工智能是目前信息化领域的一个研究热点，概括地说就是研究、开发用于模拟、延伸和扩展人的智能的理论、方法、技术及应用系统的一门新的技术科学。主要领域包括自然语言处理、知识表现、智能搜索、推理、规划、机器学习、知识获取、神经网络、复杂系统、遗传算法及人类思维方式等，在不同学科、不同行业均有所应用。在企业专利信息化管理中会有多个方面会用到人工智能技术，辅助企业专利管理工程师高效率、高质量地工作。如对于创意提案的智能分析、智能判断是否有授权前景，如果没有授权前景需要谨慎决策是否继续申请专利，防止资源浪费。再如竞争情报的智能分析，包括竞争对手自动识别和竞争对手专利技术领域自动分类两个方面。主要采用同义词自动识别、SVM 的文本分类等技术分析专利申请（专利权）人、摘要、说明书等内容。分析本企业所有专利以及其他公司新公开或新授权的专利，计算相似度，提取阈值以上的专利，达到自动识别竞争对手的目的，通过将每周新公开和新授权专利作为样本不断训练，竞争对手识别准确率会越来越高。总之，人工智能技术在专利的信息化管理中一定会发挥越来越重要的作用。

对于大型企业而言，企业中的信息化平台有很多，专利管理的信息化系统仅是其中之一，但专利管理中会用到许多关联的数据和信息，如对研发项目中技术申请专利的监控、对产品销售过程中的专利保护监控、对各种费用的预算、执行等需要与研发系统、销售系统、财务系统等进行交互，与周边系统的数据轻松调用成为必然的需求，所以信息化管理中对数据的需求必然会越来越集成化。

对于中小企业而言，企业中的信息化系统较少，系统间的关联性较小，关键是专利年均新增数量不大，需要管理的专利数量较少，所以暂时还不需要建设部署在本地的专利管理系统，可以较为灵活地使用云版管理工具。专利管理的云版系统灵活、高效，不受办公地点和时间的限制，而且成本较低，相信对中小企业来说会是一个不错的解决方案。

企业专利管理是一门学问，专利的信息化管理是其中的一项课题，在提高效率、增强质量、辅助决策的大目标下，如何从管理的架构、具体的管理细节进行优化，使企业的专利信息化管理越来越轻松、越来越顺畅，还需要进行更多的实践和研究。

REFERENCES

参考文献

[1] 徐海燕 . 中国近现代专利制度研究（1859—1949）[M]. 北京 ：知识产权出版社，2010:1.

[2] 徐海燕 .1944 年《中华民国专利法》的立法思路 [J]. 知识产权 ,2010,20(5):26-33.

[3] 陈福初 .1944 年民国政府《专利法》研究 [J]. 福建论坛 (人文社会科学版),2012(9):102-107.

[4] 王以森 . 关于涉及专利申请权 (专利权) 转移的著录项目变更的思考——以某专利申请权转移著录项目变更纠纷案为启示 [J]. 企业技术开发 ,2015,34(22):81-84.

[5] 黄俊伟 , 张晓月 . 基于客观组合赋权模型的企业专利质量评价研究——以苏州市吴中区知识密集型企业为例 [J]. 科技管理研究 ,2020,40(9):133-141.

[6] 陈应波 . 集团化建筑企业开展专利活动的创新思维 [J]. 城市建设理论研究 (电子版),2019(3):73-74.

[7] 徐海燕 . 近代专利制度的起源与建立 [J]. 科学文化评论 ,2010,7(2):40-52.

[8] 魏建国 . 论英国 1624 年《专利法》的产生及其意义 [J]. 青海师范大学学报 (哲学社会科学版),2004(2):44-47.

[9] 吴玲伟 . 论专利挖掘及布局在专利申请中的应用 [J]. 科技经济导刊 ,2019,27(1):220.

[10] 张明龙 , 张琼妮 . 美国专利制度演变的纵向考察 [J]. 西北工业大学学报 (社会科学版),2010,30(4):25-29.

[11] 季佳燕 . 企业发展“利剑”：专利挖掘与专利布局 [J]. 江西科学 ,2018,36(3):533-536.

[12] 李红波 , 施翔宇 , 马敏 . 浅谈科研项目研发过程中的专利挖掘 [J]. 能源化工 ,2018,39(6):15-18.

[13] 陈观凤 . 世界专利简介 (9) 法国专利 [J]. 今日科技 ,1985(9):35.

[14] 郑成思 . 试论我国建立专利制度的必要性 [J]. 法学研究 ,1980(6):26-28.

[15] 王叙敏 . 谈古论今话“专利”[J]. 发明与革新 ,1996(10):30-31.

[16] 许立言 . 我国专利制度的沿革 (1911-1949)[J]. 中国科技史料 ,1982(4):21-23.

[17] 邓寿鹏 . 信息化与软环境 [J]. 电子展望与决策 ,1996(6):3-7.

[18] 王晓旻 , 李丽 . 知识产权管理对建筑企业创新发展的重要作用 [J]. 中国高新科技 ,2019(23):126-128.

[19] 姚秀兰 . 制度构建与社会变迁——近代中国专利立法论 [A]. 全国外国法制史研究会 . 全国外国法制史研究会学术丛书——多元的法律文化 [C]. 全国外国法制史研究会 : 全国外国法制史研究会 ,2006:2.

[20] 徐海燕 . 中国近代专利制度萌芽的过程 [J]. 科学学研究 ,2010,28(9):1294-1301.

[21] 于海东 . 专利挖掘的策略和方法 [J]. 中国发明与专利 ,2019,16(2):78-82.

[22] 老徐工作室 . 欧洲最早的专利制度 [EB/OL].（2017-9-7）. http://lawxu.com/107.html.

[23] 王思锋 . 洪仁玕曾首次提出在中国建立专利制度（图）[EB/OL].（2014-01-29）. http://politics.people.com.cn/n/2014/0129/c70731-24259447.html.

[24] 国务院 . 国务院关于新形势下加快知识产权强国建设的若干意见 [EB/OL].（2015-12-22）. http://www.gov.cn/zhengce/content/2015-12/22/content_10468.htm.

[25] 洪婧 , 祝芳 . 代理机构重大过失致权利人专利无法恢复的责任认定 [EB/OL]. [2018-06-07]. https://www.sohu.com/a/234564415_221481.

[26] 北京专利律师 . 从状告专利代理人一案，看撰写专利申请文件的注意事项 [EB/OL].（2018-06-07）. https://www.fabao365.com/zhuanli/10962/.

[27] 安徽省知识产权局．安徽省知识产权局关于进一步规范专利资助政策的通知 [EB/OL].（2017-06-07）. http://60.166.52.172:1000/dt2111111146.asp?docid=2111127132.

[28] 李仁．激扬澎湃新动力系列报道：一项新技术增收 13 亿 [EB/OL].（2016-07-04）. http://news.shm.com.cn/2016-07/04/content_4496313.htm.

[29] 国家发展改革委办公厅．中华人民共和国国家发展和改革委员会行政处罚决定书发改办价监处罚 [2015] 1 号 [EB/OL]. [2015-03-03]. http://blog.sina.com.cn/s/blog_5a81db850102vdnz.html.

[30] 冯璐，陈敏晖．专利权因未缴纳年费被终止 权利受损谁来担责 [EB/OL].（2011-05-09）.http://cdfy.chinacourt.gov.cn/article/detail/2011/05/id/578131.shtml.

[31] 董新蕊．从和氏璧的发现 看专利价值的评估 [EB/OL].（2019-01-30）. http://ip.people.com.cn/n1/2019/0130/c179663-30598791.html.

[32] 王安琪．知识产权值“千金”！嘉定这家企业凭十多张专利证书获 1000 万元贷款 [EB/OL].（2020-06-15）.https://www.thepaper.cn/newsDetail_forward_7846448.

[33] 刘兴彬．谁敢说没有无效不掉的专利？哪怕让你再来十次！[EB/OL]. [2017-07-25]. https://www.sohu.com/a/159782110_195414.

[34] 国务院国有资产监督管理委员会、国家知识产权局．《关于推进中央企业知识产权工作高质量发展的指导意见》的通知 [EB/OL].（2020-03-19）. http://www.sasac.gov.cn/n2588020/n2588072/n2591148/n2591150/c14096120/content.html.

[35] 朱殿平．江苏企业成创新主体 去年专利”贡献度”超 6 成 [EB/OL].（2017-01-19）. http://js.people.com.cn/n2/2017/0119/c360301-29620339.html.

[36] 朱煜．江苏召开省科学技术奖励大会 颁发首届专利发明人奖（图）[EB/OL].（2017-02-28）. http://www.sipo.gov.cn/dtxx/1106777.htm.

[37] 林霞．2020 年上半年国内发明专利授权量排名前三强企业生产户华为第一 [EB/OL].（2020-07-09） http://ip.people.com.cn/ni/2020/0709/C136655-

31777418.html.

[38] 高凯．国家知识产权局：2020 年中国 PCT 国际专利申请达 6.9 万件 稳居世界首位 [EB/OL].（2020-04-25）. https://baijiahao.baidu.com/s?id=16979955515832867438wfr=spider&for=pc.

[39] 吴珂．提升综合运用效益 释放知识产权价值．[EB/OL].（2019-01-31）. http://www.cipnews.com.cn/Index_NewsContent.aspx?NewsId=113608.

[40] 国务院办公厅．国务院办公厅印发《国务院关于新形势下加快知识产权强国建设的若干意见》重点任务分工方案的通知．[EB/OL].（2016-07-08）. http://www.gov.cn/zhengce/content/2016-07/18/content_5092397.htm.

[41] 国务院国有资产监督管理委员会、国家知识产权局．国资委 国家知识产权局关于印发《关于推进中央企业知识产权工作高质量发展的指导意见》的通知．[EB/OL].（2020-03-19）. http://www.sasac.gov.cn/n2588035/c14096120/content.html.

[42] 杭州高新区科技局．杭州高新区（滨江）科技局窗口专利与软件著作权资助办理标准及流程．[EB/OL].（2019-01-03）. http://www.hhtz.gov.cn/art/2019/1/3/art_1485818_29029196.html.

[43] 张亦筑．4 件专利“傍身”一个产品卖了 5 亿元．[EB/OL].（2017-02-16）. http://cqkp.cqnews.net/html/2017-02/16/content_40669410.htm.

[44] 生物谷．创新药海外新突破！恒瑞 7.95 亿美元向 Incyte 出售 PD-1 单抗．[EB/OL].（2015-09-06）. http://news.bioon.com/article/6672751.html?_t_t_t=0.46927337371744215.

[45] 中国电子政务网．我国电子政务工程的“两网一站四库十二金工程”[EB/OL].（2014-08-04）. http://www.forestry.gou.cn/pavtal/xxbls12519/content-694396.html.

[45] 毛克盾．西方专利制度发展历程简论 [J]. 重庆三峡学院学报，2015，31（160）：69-73.